H. Hoffmeister F. P. Schelp D. Böhning E. Dietz W. Kirschner

Alkoholkonsum in Deutschland und seine gesundheitlichen Aspekte

Springer
Berlin
Heidelberg
New York
Barcelona
Hong Kong
London
Mailand
Paris
Singapur
Tokio

H. Hoffmeister F. P. Schelp D. Böhning
E. Dietz W. Kirschner

Alkoholkonsum in Deutschland und seine gesundheitlichen Aspekte

Mit 44 Abbildungen und 9 Tabellen

Springer

Prof. Dr. rer. nat. *H. Hoffmeister*
Prof. Dr. med. *F.P. Schelp*
PD Dr. rer. nat. *D. Böhning*
Dr. *E. Dietz*

Institut für Soziale Medizin der FU Berlin
Fabeckstraße 60–62
14195 Berlin

Dr. *W. Kirschner*

Forschung, Beratung und Evaluation GmbH
c/o Frauenklinik im Virchow-Klinikum
Augustenburger Platz 1
13353 Berlin

ISBN-13:978-3-540-65886-3

Die Deutsche Bibliothek – CIP-Einheitsaufnahme
Alkoholkonsum in Deutschland und seine gesundheitlichen Aspekte / von Hans Hoffmeister... – Berlin; Heidelberg; New York; Barcelona; Hongkong; London; Mailand; Paris; Singapur; Tokio: Springer, 1999
ISBN-13:978-3-540-65886-3 e-ISBN-13:978-3-642-60199-6
DOI: 10.1007/978-3-642-60199-6

Herstellung: PRO EDIT GmbH, 69126 Heidelberg
SPIN 10710039 27/3136 – 5 4 3 2 1 0 – Gedruckt auf säurefreiem Papier

Ein Teil der Forschungsergebnisse,
die in diesem Buch mitgeteilt werden,
wurde in einem Forschungsvorhaben erarbeitet,
das von der
„*Wissenschaftsförderung der Deutschen Brauwirtschaft*“
gefördert wurde.

Inhaltsverzeichnis

bekämpft werden müssen. Allerdings muß dies mit den richtigen Mitteln geschehen. Der Stand der wissenschaftlichen Diskussion darüber wird angesprochen.

Die in der deutschen Bevölkerung gefundenen Zusammenhänge zwischen maßvollem Alkoholgenuß und gesundheitlichen Aspekten sind auch international von Interesse. Im „International Journal of Epidemiology" wurden wichtige inhaltliche Teile unserer Ergebnisse bereits zur Publikation angenommen. Die Veröffentlichung erscheint im Dezember dieses Jahres.

Berlin, im August 1999 *Hans Hoffmeister*

Vorwort

Die in diesem Buch beschriebenen Forschungsergebnisse beruhen auf Daten der nationalen und regionalen Bevölkerungsuntersuchungen (Surveys), die im Rahmen der Deutschen Herzkreislauf Präventionsstudie (DHP) durchgeführt wurden. Als die DHP Anfang der 80er Jahre begann, war der Stand der internationalen Diskussion, daß Alkoholkonsum als Mitursache von Bluthochdruck und Übergewicht anzusehen sei und damit das Risiko für Herzkreislaufkrankheiten erhöhen müsse. Dies trifft bei sehr hohem Alkoholkonsum auch zu. Die Mehrheit unserer Bevölkerung geht aber lebenslang maßvoll mit alkoholischen Getränken um, wie die Surveys zeigten. Es schien uns deshalb geboten, die Einflüsse des maßvollen Alkoholgenusses auf die Risikofaktoren, aber auch auf andere Gesundheitsmerkmale wie z.B. die Leberenzyme und besonders auf das Sterberisiko, unter den Lebensbedingungen in Deutschland zu untersuchen. Unsere Daten erlaubten es, dabei Bier als bevorzugtes alkoholischen Getränk der Deutschen mit Wein und anderen alkoholischen Getränken hinsichtlich gesundheitlicher Auswirkungen zu vergleichen.

Diese Ergebnisse unserer Auswertungen, die repräsentativ für die deutsche Bevölkerung sind, belegen überzeugend, daß maßvoller Alkoholgenuß, ob es sich nun um Bier oder Wein handelt, das Risiko für Krankheiten des Herzens und des Kreislaufs nicht nur nicht erhöht, sondern erheblich verringert, verglichen mit abstinenter Lebensweise. Das Sterberisiko wird im günstigen Fall des leichten Alkoholkonsums halbiert gegenüber dem von Nichttrinkern. Das wurde weltweit in vielen epidemiologischen Studien in ähnlicher Größenordnung nachgewiesen.

Diese Erkenntnisse sind für die Bewertung der Ursachen von Herzkreislaufkrankheiten hierzulande bedeutsam und müssen auch in der Alkoholpolitik beachtet werden. Damit ist aber keineswegs gemeint, daß Alkoholabusus und Alkoholismus als andere Seite der Medaille des Alkoholkonsums geringer eingeschätzt werden dürfen. Der Alkoholmißbrauch ist für schwere und viel zu häufige Gesundheitsprobleme in unserer Gesellschaft verantwortlich, die intensiv

1 Zusammenfassung wichtiger Erkenntnisse

In Deutschland wurden bisher nur wenige Beiträge geleistet zur Klärung der Frage, welche gesundheitliche Bedeutung der überwiegend praktizierte, maßvolle Alkoholkonsums für die Gesundheit hat. Die hier vorgelegten empirischen Auswertungen, die aus Querschnitt- und Längsschnittuntersuchungen an deutschen Bevölkerungsgruppen stammen, beinhalten eigenständige Ergebnisse über den Einfluß des Alkoholkonsums auf wichtige Gesundheitsparameter unter den Lebensbedingungen und Trinkgewohnheiten in Deutschland. Dabei wurden auch einige bisher unbekannte Auswirkungen des Alkoholgenusses auf den Gesundheitszustand gefunden.

Unsere Untersuchungen befassen sich vornehmlich mit dem Alkoholkonsum im Rahmen akzeptierter sozialer Normen sowie dessen Zusammenhang mit verschiedenen Dimensionen von Gesundheit. Die Basis dafür bilden Auswertungen der Datensätze der Nationalen Gesundheits-Surveys [1,2]. In den Surveys wurden an großen und repräsentativen Stichproben der deutschen Wohnbevölkerung medizinische Untersuchungen, Laboruntersuchungen und Befragungen durchgeführt. Die Befragungsdaten geben unter anderem detailliert Auskunft über die Trinkgewohnheiten in Deutschland, die zunächst beschrieben werden. Kenntnisse über Art und Menge der aufgenommenen alkoholischen Getränke sowie über spezifische Konsum-Muster in definierten Gruppen und Schichten unserer Bevölkerung sind unentbehrlich, um die Beziehungen zwischen Alkohol und gesundheitlichen Merkmalen genauer analysieren und erklären zu können.

Bei der Diskussion um die Gefährdung der Gesundheit durch Alkoholgenuß, z.B. in der Publikation von G. Edwards:„Alcohol Policy and the Public Good„[3] oder den Veröffentlichungen der Deutschen Hauptstelle gegen Suchtgefahren [4], wird wenig beachtet, daß der größere Teil der Deutschen (82% der erwachsenen Männer und 55% der Frauen in unserer Wohnbevölkerung) mehr oder weniger regelmäßig alkoholische Getränke zu sich nimmt und Alkohol dabei lebenslang maßvoll genießt.

Die zeitliche Entwicklung des Konsums alkoholischer Getränke zeigt anhand individueller Konsumangaben, daß die durchschnittlich getrunkene Menge an Alkohol zwischen 1984 und 1992 leicht abgenommen hat. Das ist in Übereinstimmung mit den Daten über den Absatz alkoholischer Getränke. Die Alkoholaufnahme lag Anfang der 90er Jahre bei 31g pro Tag und Kopf für Männer und 15g für Frauen, wenn die durchschnittlich getrunkenen Alkoholmengen in den nationalen Gesundheits-Surveys mit der dort benutzten Recall-Methode ermittelt wurden. Nur jüngere Frauen haben im hier beschriebenen Beobachtungszeitraum ihren Alkoholkonsum gesteigert. Langfristig eher günstige Entwicklungen sind bei Jugendlichen zu beobachten.

Etwa 50% des Alkohols wird in Deutschland in Form von Bier genossen. Männer trinken weit mehr Bier als Wein, Frauen bevorzugen mehrheitlich Wein. Unter den Biertrinkern überwiegen die Konsumenten geringer oder moderater Alkoholmengen, unter den Weintrinkern sind in größerem Umfang Menschen mit hohem und sehr hohem Alkoholkonsum zu finden.

Alkoholmengen von durchschnittlich über 40g pro Tag sind bei Männer mit regelmäßigem, vorwiegend täglichem Konsum verbunden, während Frauen mit hoher Alkoholaufnahme weit häufiger unregelmäßig trinken, somit eine Form von „binge drinking„ betreiben. Von „binge drinking„ wird in unseren Analysen dann ausgegangen, wenn die Angaben über alkoholische Getränke zur Aufnahme von 30g Alkohol und mehr pro Tag führen, gleichzeitig aber nicht häufiger als einmal pro Woche getrunken wird. Völlig unplausible Angaben von Probanden wurden bei den Auswertungen nicht berücksichtigt.

Kontrovers wird bisher die Suchtgefahr durch Alkoholgenuß diskutiert. Es ist aber keineswegs so, daß moderater Alkoholkonsum über lange Lebensabschnitte hinweg vermehrt in die Abhängigkeit von Alkohol und damit zu immer stärkerem Konsum führt. Bei der Betrachtung von Quasi-Kohorten, die aus den drei Survey-Durchgängen in den Jahren 1985, 1988 und 1991 gebildet werden können, ergibt sich eher das Gegenteil: Die durchschnittliche Alkoholaufnahme in den entsprechenden Altersgruppen der Nationalen Gesundheits-Surveys bleibt während der drei Zeiträume weitgehend gleich, wobei jeweils die Menschen in höherem Lebensalter ihre Alkoholaufnahme wieder reduzieren.

Zu den wissenschaftlich gesicherten Fakten über den maßvollen Umgang mit alkoholischen Getränken gehören auch die vielfach nachgewiesenen positiven Einflüssen auf wichtige Risikofaktoren und Krankheiten sowie auf das Sterberisiko. Mit den hier vorgelegten Ergebnissen werden Erkenntnisse aus internationalen Studien für Deutschland bestätigt, soweit es den günstigen Einfluß von maßvollem Alkoholkonsum auf kardiovaskuläre Risikofaktoren, auf das kardiovaskuläre Sterberisiko und auf die Gesamtmortalität betrifft. Die Beziehungen zwischen Alkoholkonsum, wichtigen Stoffwechselgrößen und Risikofaktoren wurden unter den Lebensbedingungen und Trinkgewohnheiten in Deutschland ermittelt. Unter anderem wurde untersucht, in welcher Weise die Serumspiegel von Gesamtcholesterin, HDL-Cholesterin und hämatologischen Parametern sowie der Blutdruck und das Körpergewicht (der Body Mass Index) mit Menge und Art der aufgenommenen alkoholischen Getränke zusammenhängen. Geprüft wurden auch entsprechende Einflüsse auf die Leberenzyme. Zusammenhänge dieser Enzyme mit mehr oder weniger starkem Alkoholkonsum wurden zur Charakterisierung von Art und Ausmaß ungünstiger Alkoholwirkungen herangezogen.

Da die Krankheiten des Herzens und des Kreislaufs in unserer Bevölkerung sehr häufig auftreten und über die Hälfte aller Todesfälle verursachen, sind vorteilhafte Ausprägungen der Risikofaktoren dieser wichtigen Krankheitsgruppe unter den maßvollen Alkoholtrinkern im Vergleich zu Nichttrinkern und zu starken Trinkern von großer Bedeutung. Das hier festgestellte, signifikant niedrigere kardiovaskuläre Risiko bei maßvollem Alkoholgenuß gegenüber Alkoholabstinenz hat deshalb erhebliches Gewicht für die Gesundheitspolitik, weil es einen großen Teil unserer Bevölkerung betrifft.

In den Gesundheits-Surveys wurden auch Daten über subjektiv empfundene Gesundheit und Lebenszufriedenheit erhoben. Die hier vorgelegten Auswertungen geben Einblick in interessante Zusammenhänge zwischen bestimmten Formen des Alkoholkonsums und einigen subjektiven Dimensionen von Gesundheit. Diese Beziehungen wurden bisher nicht untersucht und waren nicht bekannt. Das trifft z.B. für subjektive Angaben über den eigenen Gesundheitszustand, über vorhandene Beschwerden und Krankheiten sowie über das psychische und soziale Wohlbefinden zu. Es ergaben sich durchweg Korrelationen, die bei leichtem oder moderatem Alkoholkonsum die günstigsten Werte für die subjektiven Angaben zu gesundheitsrelevanten Merkmalen aufweisen. Abstinente und auch Personen mit sehr starkem Alkoholkonsum sind demgegenüber im Durchschnitt weniger zufrieden mit ihrem Leben und schätzen ihre Gesundheit als schlechter ein.

Gegenwärtig findet eine intensive Diskussion von Forschungsergebnisse statt, die den Einfluß des Alkoholkonsums auf das Sterberisiko betreffen. In einer großen Zahl internationaler Studien wurden die Mortalität an koronarer Herzkrankheit, an Herzkreislaufkrankheiten insgesamt und an allen Todesursachen untersucht. Die bisher vorliegenden Ergebnisse werden diskutiert und mit den Daten einer von uns durchgeführten Kohortenstudie verglichen [5,6]. Die in vielen Ländern bei maßvoll trinkenden Alkoholkonsumenten immer wieder festgestellte signifikante Senkung des kardiovaskulären Sterberisikos und des Gesamtsterberisikos trifft offensichtlich auch für die deutsche Bevölkerung zu. Diese zweite Untersuchung in Deutschland zu dieser wichtigen Frage führte bei einer Berliner Bevölkerungsgruppe zu ähnlichen Resultaten wie die erste Studie in der Region Augsburg [7]. Unsere Ergebnisse bestätigen, daß die Sterberisiken auch unter den hierzulande herrschenden Lebensbedingungen und Trinkgewohnheiten bei maßvollem Umgang mit Alkohol erheblich niedriger ausfallen als bei abstinentem Verhalten oder bei sehr starkem Alkoholkonsum. Was schon in mehreren internationalen Studien festgestellt wurde, ergab sich auch für die hier untersuchte Berliner Population: Maßvolle Alkoholmengen, die in der Berliner Bevölkerung weit vorwiegend aus Bier stammen, führen zu gleich niedrigen Sterberaten, wie sie in Populationen gefunden wurden, die Wein oder andere alkoholische Getränke bevorzugen. Wir fanden keine Anhaltspunkte dafür, daß sich die protektiven Wirkungen von Wein und Bier wesentlich unterscheiden könnten.

2 Kulturelle und geschichtliche Prägung des Umgangs mit Alkohol

Der Konsum alkoholischer Getränke gehört für viele Menschen zu den festen Lebensgewohnheiten, und dies bereits über lange Zeiten der Menschheitsentwicklung. Bier, Wein und andere Alkoholika sind die kulturgeschichtlich am weitesten verbreiteten und am längsten vorhandenen Genußmittel. Abstinent (temperent) lebende Gesellschaften sind eher die Ausnahme geblieben. Besonders in Europa und in Amerika gibt es eine hochentwickelte Kultur der alkoholischen Getränke (nontemperente Gesellschaften).

Vornehmlich Bier und Wein und in geringerem Umfang auch andere alkoholhaltige Getränke haben sich über die Jahrtausende hinweg als allgemein beliebte Genußmittel durchgesetzt, weil sie offenbar wichtige Bedürfnisse befriedigen. Alkoholische Getränke schmecken gut, sie entfalten sowohl anregende als auch entspannende Wirkung bei maßvollen Umgang damit, sie löschen den Durst und helfen den Flüssigkeitsbedarf zu decken. Sie haben darüber hinaus die Funktion, das Gemeinschaftsgefühl und die Kommunikation zu fördern. Die überwiegende Zahl der Menschen, die mehr oder weniger regelmäßig Alkohol konsumiert, tut dies aus den vorgenannten Gründen und geht lebenslang in kontrollierter Weise mit Alkohol um. Die repräsentativen Daten zum Alkoholkonsum aus den Nationalen Gesundheits-Surveys belegen das in den nachfolgenden Kapiteln für die deutsche Bevölkerung.

Zu den kontrollierten und gesellschaftlich akzeptierten Trinkgewohnheiten zählen auch der gesellige Alkoholgenuß bei besonderen Anlässen, an Festtagen, im Urlaub u.ä. Ein gelegentlicher, durch Alkohol bedingter Rausch oder selbst ein einmal vorkommendes Betrinken werden noch als normales Verhalten toleriert. Allerdings verläuft hier die Grenze des üblichen Umgangs mit Alkohol, der allgemeine gesellschaftliche Normen nicht verletzt.

Das unkontrollierte und abhängige Trinken großer Alkoholmengen wird demgegenüber durchaus als Mißbrauch verstanden, weil es schwerwiegende Krankheiten im Gefolge hat und eine häufige Ursache von Unfällen im Alltagsleben ist. Es gehört weiter zum Allgemeinwissen, daß längerer Alkoholabusus in das gesellschaftliche Abseits führt, körperlichen und geistigen Verfall bedeutet und vorzeitigen Tod mit sich bringt. Daher besteht breiter Konsens darüber, daß Alkoholmißbrauch und abhängiges Alkohol trinken intensiv bekämpft werden müssen. Wie Alkoholismus erfolgreich zu verhindern ist und therapiert werden kann, wird sehr widersprüchlich gesehen, ebenso ist strittig, ob eine generelle Gefahr der Alkoholabhängigkeit existiert oder eine genetische Disposition bei der Alkoholsucht im

Vordergrund steht [8,9]. Außerdem ist es allgemeines Wissen, daß manche Menschen, die in problembeladene Lebenssituationen geraten, sich in den Alkoholmißbrauch flüchten. Alkohol hat hierbei die Funktion eines leicht zugänglichen „Problemverdrängers„. Wenn Alkohol nicht zur Verfügung stünde, würde in solchen Fällen vermutlich zu anderen, ebenfalls gesundheitsgefährdenden Substanzen gegriffen, z.B. zu Drogen oder bestimmten Medikamenten.

Unabhängig von offenen wissenschaftlichen Fragen sind Erkenntnisse der Suchtforschung wichtig, aus denen hervorgeht, daß die Gefahr der Alkoholabhängigkeit nicht in erster Linie durch den häufigen Konsum von Alkohol bestimmt wird, sondern sich auch bei seltener Alkohol trinkenden Menschen in bestimmten Situationen entwickeln kann [10]. Einblicke in das Suchtpotential von Alkohol, die diese Erkenntnisse stützen, konnten auch mit den Auswertungen der Trinkgewohnheiten in Deutschland gewonnen werden, wie nachfolgend gezeigt wird.

Über die für die Gesundheit schädlichen und nützlichen Formen des Alkoholkonsums wird seit jeher kontrovers diskutiert. Damit unterscheidet sich das Genußmittel Alkohol. aber bereits von der Droge Nikotin, über dessen negative gesundheitliche Auswirkungen aus medizinischer und epidemiologischer Sicht international breiter Konsens herrscht. So ste Poikolainen fest: „Many substances are simply bad for health. Tobacco is a fitting example. With respect to alcohol, the situation is more complex.“ [11]. Hinsichtlich der gesundheitlichen Folgen müssen zumindest die ogenannten „harten“ Drogen ähnlich bewertet werden wie das Rauchen.

Einstellungen zum Alkoholkonsum, zu den Trinkanlässen und -formen und zu den sozial akzeptierten Trinkmengen sind geschichtlich und kulturell geformt und unterscheiden sich schon zwischen europäischen Staaten sehr deutlich, noch stärker aber im internationalen Vergleich. In einem internationalen Vergleich der Alkoholkulturen verschiedener Länder unterscheidet Levine „temperance und nontemperance cultures“ [12]. Zu den ersteren gehören: die USA, Kanada, Großbritannien, Australien, Neuseeland, Finnland, Schweden, Norwegen und Island, zu den letzteren: Österreich, Belgien, Dänemark, Frankreich, Irland, Italien, die Niederlande, Portugal, Spanien, die Schweiz und Deutschland. Er stellt zwischen diesen Ländergruppen folgende Unterschiede fest:

- Die temperance-culture Länder sind stärker von den Gefahren des Alkoholkonsums betroffen als die nontemperance-Länder. Das läßt sich beispielsweise an der Zahl der Anonymen Alkoholikergruppen feststellen.
- In den Ländern der temperance-Kulturen werden durchschnittlich deutlich geringere Mengen alkoholischer Getränke getrunken, dafür deutlich häufiger in Form von Spirituosen, während in nontemperance-Ländern vorwiegend Bier und Wein konsumiert wird.
- Die Alkoholpolitik der verschiedenen Länder beruht trotz medizinisch und wissenschaftlich vermeintlich gesicherter und objektiver Grundlagen hinsichtlich der Gefahren übermäßigen Alkoholkonsums auf jeweils unterschiedlichen geschichtlichen Bedingungen und kulturellen Normen. In den temperance Ländern ist eine stärkere politische Regulierung des Alkoholkonsums zu beobachten.

- Die Mortalität an koronarer Herzkrankheit (und den Herzkrankheiten insgesamt) ist in den temperance Ländern deutlich höher ist als in den nontemperance Ländern.)

Insbesondere in den USA hat die temperance Bewegung in den letzten Jahrzehnten wieder einen neuen Aufschwung genommen. Dazu führt Peele aus: „We hear little of those who hold the view that alcohol consumption satisfies an ordinary human appetite and that alcohol has important social and nutritional benefits. Yet at one time the official position of the National Institute on Alcohol Abuse and Alcoholism under its funding director M. Chafetz was that moderation in drinking should be encouraged and that young people should be taught how to consume alcohol moderately. This attitude has been completely expunged from the American scene. National and local antidrug campaigns produce banners to be displayed at schools throughout the Unites States declaring: Alcohol is a liquid drug. Educational curricula are completely negative towards alcohol. Indeed they attack the concept of moderate drinking as indefinable and dangerous." [13].

Es ist festzustellen, daß auf der Grundlage von geschichtlich und kulturell unterschiedlich geformten gesellschaftlichen Einstellungen und Überzeugungen im Hinblick auf den Alkoholkonsum die offizielle gesundheitspolitische Regulierung des Alkoholkonsums von wissenschaftlichen Krankheitsmodellen abhängig ist, die sich verändern. Die Alkoholpolitik beinhaltet ganz unterschiedliche Interventionsziele, die das wissenschaftliche und politische Denken und Handeln prägen. Während das Krankheitsmodell des Alkoholismus vor allem. auf die Gruppe der Problemtrinker fokussiert und ein Konzept des moderaten Alkoholkonsums zumindest zuläßt, hat heute das Konzept der totalen Alkoholkontrolle besonders in den USA Konjunktur. Das in den USA weitgehend auch wissenschaftlich mit getragene Konzept der totalen Alkoholkontrolle führt allerdings bereits zu zunehmender Kritik daran, daß die Möglichkeiten einer vorurteilsfreien Erkundung und Diskussion des Nutzens und der Risiken des Alkohols nicht bestehen. „Educators, public health commentators and medical investigators are uneasy about findings of healthful effects of drinking. A cultural preoccupation with alcoholism and the negative effects of drinking works against franc scientific discussions in the United States of the advantages for the cardiovascular system of alcohol consumption." [13].

In der Mehrzahl der mittel- und südeuropäischen Staaten ist in der Durchschnittsbevölkerung der mäßige aber regelmäßige Alkoholkonsum gesellschaftlich nicht negativ besetzt und mit Bildern von Soziabilität, Geselligkeit, Freude, guter Stimmung und festlichen Anlässen verbunden. Die große Mehrheit der Menschen geht hier maßvoll mit Alkohol um. In den südeuropäischen Ländern ist der Konsum alkoholischer Getränke weitgehend an die Mahlzeiten gebunden, bevorzugt wird Wein getrunken. In Mitteleuropa ist Bier das führende alkoholische Getränk.

Im weltweiten Vergleich gehört Deutschland zu den Ländern mit dem höchsten durchschnittlichen Alkoholkonsum. Männer konsumieren in Deutschland weit mehr Alkohol als Frauen, vorwiegend in Form von Bier. Die Daten der Nationalen

Gesundheits-Surveys zeigen, daß der größte Teil der deutschen Männer zu den maßvollen Alkoholkonsumenten zählt. Als maßvolle Alkoholtrinker werden in dieser Untersuchung die Gruppen mit einer durchschnittlichen Aufnahme von 1g bis 20g (mild drinker/leichte Trinker) und von 21 bis 40g (moderate drinker/moderate Trinker) bezeichnet. Rund 55% der Männer in Deutschland fallen unter diese beiden Kategorien, bei den Frauen sind es 48%. Etwa ein Viertel der Männer und weniger als 10% der Frauen geben an, täglich 40-80g Alkohol zu konsumieren (heavy drinker/starke Trinker). Differenzierte Zahlen zum Alkoholkonsum in Deutschland sind in Kapitel 5 zu finden.

In Mitteleuropa gibt es seit langem die Überzeugung, daß Alkohol auch gesundheitsfördernde Eigenschaften besitzt. Dies wird bis heute in der Laienmedizin vertreten, in der gegen verschiedene Beschwerden, aber auch zu präventiven Zwecken das Trinken kleiner Mengen von Alkohol empfohlen wird. Die Mehrzahl der Menschen ist sich aber auch dessen bewußt, daß Alkohol erhebliche Gesundheitsgefahren für die Gesellschaft mit sich bringt, unabhängig davon, daß der eigene Umgang mit alkoholischen Getränken kontrolliert erfolgt. Lediglich 24% der deutschen Wohnbevölkerung sehen im Alkoholkonsum nur eine mittlere oder gar geringe Gefahr für den Gesundheitszustand unserer Bevölkerung insgesamt, wie aus den Einschätzungen zu allgemein verbreiteten Gesundheitsgefahren im Umwelt-Survey 1991 hervorgeht [14].

Das Gegenbild des sozial akzeptierten Trinkens ist der übermäßige und dauernde Alkoholkonsum, personifiziert in der Form des Betrunkenen, des Verwahrlosten und des Alkoholabhängigen. Nach Veröffentlichungen der deutschen Hauptstelle gegen Suchtgefahren sind gegenwärtig 2,5 Millionen Deutsche von Alkohol abhängig und 6,5 Millionen gefährdet, es zu werden [4]. Dabei handelt es sich allerdings um schwer zu validierende Schätzzahlen. Wittchen u.a. berichten auf der Grundlage einer Stichprobe von 14- bis 24jährigen in München über eine Lebenszeitprävalenz des Alkoholmißbrauchs von 15% bei Männern [15].

Der richtige individuelle Umgang mit Alkohol setzt deshalb ganz generell, aber besonders in Ländern mit breiter und allgemeiner Verfügbarkeit dieses genußmittls voraus, daß:

- wissenschaftliche Untersuchungen und Bewertungen vorliegen, die Auskunft über gesundheitlich unbedenkliche und gesundheitsgefährdende Alkoholmengen und Trinkgewohnheiten geben;
- das Erlernen eines vernünftigen Umgangs mit Alkohol zunächst im Jugendalter gesellschaftliche Norm und Praxis ist und
- eine tägliche, lebenslange Risikoabwägung beim Konsum von Alkohol üblich ist.

Die Existenz von potentiell gesundheitsschädlichen Lebensbedingungen und Verhaltensweisen ist im Bewußtsein der Menschen in den modernen Industriegesellschaften fest verankert und geradezu konstitutiv für sie. Dies betrifft beispielsweise ökologische Risiken und Risiken modernen Technik wie Atomkraft und Gentechnik, aber auch selbstverständliche zivilisatorische Verhaltensweisen wie Autofahren oder potentiell gesundheitsschädigendes Freizeitverhalten. Diese Risiken erfordern neben staatlicher Kontrolle, Reglementierung und Einflußnahme bis hin zu Verboten die Organisation gesellschaftlicher Lernprozesse, durch die mögliche Schadenseintritte vermindert oder verhindert werden können. Art und Organisationsformen dieser gesellschaftlichen Lernprozesse sind nicht unabhängig von den jeweils herrschenden Staats- und Regierungsformen und den ihnen zugrundeliegenden Verfassungsgrundsätzen. Ein demokratisches Gemeinwesen mit seinen immanenten Freiheits- und Bürgerrechten wird in der Regel weniger auf Verbote und Zwang setzen, als vielmehr auf Strategien der Schadensminimierung durch andere wirksame Maßnahmen. Gleichwohl zeigen viele Regelungen gerade auch in der Gesundheitspolitik (z.B. Impfen), daß auch vergleichbare Staatsformen durchaus zu unterschiedlichen Regelungen kommen können.

Eine wesentliche Frage im Hinblick auf den Alkohol ist deshalb, wie leicht oder schwer es der Bevölkerung gelingt, mit alkoholischen Getränken im Sinne einer Risikominimierung umzugehen. Zur Beantwortung dieser Frage können beim Alkohol unterschiedliche Indikatoren herangezogen werden, z.B. der Anteil der Alkoholgefährdeten und Alkoholabhängigen an der Gesamtbevölkerung. Eine andere Möglichkeit besteht in einer Befragung der Bevölkerung hinsichtlich der Selbsteinschätzung eines vernünftigen Umgangs mit Gesundheitsrisiken.

In einer 1995 in Deutschland durchgeführten repräsentativen Bevölkerungsbefragung wurde u.a. erhoben, wie gut es der Bevölkerung gelingt, mit verschiedenen Risiken umzugehen [14]. Die Frage lautete: „Es gibt einige Lebens- und Verhaltensweisen die gut für unsere Gesundheit sind. Auf dieser Liste sind einige aufgeschrieben. Bitte beurteilen Sie sich in Schulnoten kritisch selbst, wie Sie in den einzelnen Bereichen stehen." Die Befragten sollten dazu Ihr entsprechendes Verhalten mit den Schulnoten 1 bis 6 bewerten. Die Ergebnisse sind in der nachfolgenden Aufstellung wiedergegeben. Sie zeigen, daß die Bevölkerung mit einer Risikominimierung beim Alkoholkonsum deutlich geringere Probleme hat als bei den anderen erfragten Gesundheitsrisiken. Nur 6% benoten sich beim Alkohol mit den Noten 5 und 6. Die entsprechenden Prozentzahlen betragen 38% beim Rauchen, 20% bei der Ernährung und 25% bei der sportlichen Aktivität.

Mögen die Antworten auf diese Fragen gerade auch beim Alkoholkonsum einen nicht exakt zu bestimmenden Anteil sozial erwünschten Antwortverhaltens beinhalten, so zeigen sie doch, daß die Bevölkerung sich in übergroßer Mehrheit keine Probleme beim „vernünftigen Alkoholkonsum" attestiert.

Aufstellung über die Einschätzung der eigenen Befolgung gesundheitsfördernder Maßnahmen in Schulnoten von 1 bis 6. Stichprobe der deutschen Bevölkerung, 1995, n = 5000 Befragte ab 14 Jahren (14)

Maßnahme	Noten	%-Werte
Regelmäßig auf die Ernährungsmenge zu achten	1-3	66,1
	4	14,2
	5-6	19,3
Regelmäßig auf die Zusammensetzung der Ernährung zu achten	1-3	70,4
	4	13,9
	5-6	15,2
Regelmäßig Sport zu treiben (sich zu bewegen)	1-3	62,9
	4	11,9
	5-6	24,5
Sich regelmäßig Zeit zum Ausruhen und Entspannen zu nehmen	1-3	77,2
	4	11,9
	5-6	10,2
Alkohol nur mäßig und nicht Übermäßig oder regelmäßig zu trinken	1-3	86,0
	4	7,0
	5-6	6,2
(An Raucher): Weniger oder gar nicht zu rauchen	1-3	42,7
	4	17,1
	5-6	37,4

Zusammenfassend ist damit einerseits festzustellen, daß in Deutschland wie in einer Vielzahl anderer Gesellschaften der moderate Alkoholkonsum sozial akzeptiert ist und die Mehrheit der Bevölkerung auch einen geringen bis moderaten Alkoholkonsum aufweist, die Gefahren übermäßigen und regelmäßigen Alkoholkonsums in der Bevölkerung bekannt sind und der vernünftige Umgang mit Alkohol mehrheitlich offensichtlich gut gelingt. Gleichzeitig muß andererseits auch auf die große Zahl Alkoholabhängiger und Alkoholgefährderter hingewiesen werden. Die Folgen für Morbidität und Mortalität dieser Gruppe und Dritter sind schwerwiegend.. Allerdings ist wissenschaftlich umstritten, ob die leichte Zugänglichkeit zur Substanz Alkohol dabei das wesentliche Problem darstellt.

3 Alkohol in der wissenschaftlichen und gesundheitspolitischen Diskussion

Die Forschungen über das Genußmittel Alkohol konzentrieren sich gewöhnlich auf Alkoholmißbrauch und Alkoholismus sowie die damit zusammenhängenden Gesundheitsschäden, Unfälle und anderen Probleme. In neuerer Zeit wurde aber in vielen epidemiologischen Studien nachgewiesen, daß der maßvolle Umgang mit Alkohol, wie er typisch ist für die große Mehrheit der Alkoholkonsumenten, offenbar auch gesundheitliche Vorteile mit sich bringt. Besonders die Krankheiten des Herzens und des Kreislaufs, aber auch andere häufige Zivilisationskrankheiten treten bei maßvollem Alkoholgenuß seltener auf als unter abstinent lebenden Menschen oder aber unter Menschen mit sehr starkem Alkoholkonsum. Die Bilanz bei der Bewertung von Vor- und Nachteilen in sogenannten nontemperenten Gesellschaften scheint eindeutig für einen maßvollen Konsum von Alkohol zu sprechen, obwohl hier noch wichtige Fragen offen sind, zu deren Beantwortung mit den nachfolgenden Auswertungen Beiträge geliefert werden.

In mehr als 30 großen epidemiologischen Studien (siehe Kapitel 7) wurden die Beziehungen zwischen Alkoholkonsum und Mortalität geprüft. Dabei ergab sich bei der Mehrzahl der Studien, daß Menschen mit leichtem oder moderatem Alkoholkonsum ein geringeres Sterberisiko haben als Abstinente. Bei der überwiegenden Zahl der Untersuchungen, darunter die methodisch hoch bewerteten Langzeituntersuchungen, folgte die Gesamtmortalität einer J-Kurve, wenn Abstinente und Gruppen mit leichtem oder moderatem Alkoholkonsum verglichen wurden. Besonders die als Todesursache führenden Krankheiten des Herzens und des Kreislaufs traten seltener unter Alkoholtrinkern auf, wobei in diesem Fall selbst starker Alkoholkonsum noch Vorteile zeigte.

Diese Erkenntnisse veranlaßte nationale und internationale Gremien inzwischen, eine differenzierte Bewertung des Alkoholkonsums vorzunehmen, bei der die Vorteile des maßvollen Umgangs mit Alkohol nicht verleugnet oder tabuisiert werden. So urteilt ein Gremium von renommierten Wissenschaftlern in einem WHO-Report [16], daß in Sonderheit das Risiko, an koronarer Herzkrankheit zu sterben, für Nichttrinker größer ist als für moderate Alkoholtrinker. Sie halten einen Konsum von 10g bis 30g Alkohol/Kopf und Tag für protektiv und wegen des positiven Einflusses von Alkohol auf mehrere kardiovaskuläre Risikofaktoren auch für biologisch begründet und erklärt. Ähnlich äußert sich das „Committee on Health Promotion, Royal College of Physicians of the United Kingdom„ in neuen Guidelines zum Thema Alkohol [17]: „A rational policy approach to alcohol requires qualification of both benefits and harm at different consumption levels.„

In Deutschland fehlt in den gesundheitspolitischen Veröffentlichungen auch jüngsten Datums eine Auseinandersetzung mit den positiven Wirkungen maßvollen Alkoholkonsums. Es ist noch verständlich, daß z.B. in den „Jahrbüchern Sucht„ der DHS die positiven gesundheitlichen Wirkungen nicht diskutiert werden, weil der Schwerpunkt dieser Einrichtung bei den Suchtkrankheiten liegt. Doch selbst der Ende 1997 von der Gesundheitsministerkonferenz der Bundesländer veröffentlichte „Aktionsplan Alkohol„ geht auf diese gesundheitspolitsch bedeutsamen Fakten nicht ein. Die Diskussion darüber sollte aber auch hierzulande geführt werden, wobei ein Blick auf die internationale Entwicklung in der Alkoholpolitik von Nutzen ist:

Die Gesundheitspolitik verfügt über eine Vielzahl von Regulierungsmaßnahmen (Gesetze, Verordnungen, Verbote, Aufklärungsprogramme, Interventionsprogramme etc.). Historisch findet sich für den Alkohol die ganze Bandbreite dieser staatlichen Regulierungen. Sie reicht von der völligen Nichtregulierung bis zur totalen Prohibition. Auch heute weisen die staatlichen Alkoholpolitiken hinsichtlich der Preise, der Steuern, der Verfügbarkeit und Zugänglichkeit, der situativen Alkoholverbote und ihrer Sanktionen bei Mißachtung, der Werbemöglichkeiten erstaunlich unterschiedliche Vorgehensweisen auf.

Die staatliche Gesundheitspolitik ist eingebunden in ein Netzwerk, zu denen die wirtschaftlichen Interessen der Alkoholindustrien ebenso gehören wie fiskalpolitische Zwänge und die schon beschriebenen soziokulturellen Bedingungsmuster des Alkoholkonsums. Vorrangig werden politische Regulierungen im Zusammenhang mit Alkohol aber begründet mit den offensichtlichen Gesundheitsrisiken übermäßigen Alkoholkonsums. Zur Eindämmung des Alkoholkonsums werden staatliche Interventionen ganz unterschiedlicher Form und Intensität immer wieder von den jeweiligen Befürwortern vorgeschlagen und sie werden von denen abgelehnt, die solche Eingriffe für erfolglos halten. Unabhängig davon erscheint es aber geboten, eine rationale Gesundheitspolitik auf gesicherte epidemiologische Kenntnisse über Risiken und Nutzen des Alkoholkonsums zu gründen. Dabei müssen allerdings auch die Grenzen des gesicherten Kenntnisstandes und die gesellschaftliche Eingebundenheit von wissenschaftlicher Forschung generell beachtet werden.

Deutschland kann im internationalen Vergleich als ein Land mit eher geringen Dichte bei der staatlichen Regulierung des Alkoholkonsums gelten. Die Reduktion des Alkoholkonsums ist kein offizielles Ziel der deutschen Gesundheitspolitik, wobei es in Deutschland (von wenigen Bundesländern abgesehen, z.B. NRW, Berlin) insgesamt und im Gegensatz zu anderen Staaten (USA, Großbritannien) generell an der Festlegung gesundheitlicher Ziele (Health Goals for the Nation) mangelt.

Die Preise und Steuern (soweit erhoben) folgen in Deutschland wohl eher fiskalpolitischen als gesundheitspolitischen Gründen. Alkoholische Getränke sind hierzulande breit verfügbar, allerdings sind sie mit demographischen und situativen Verboten belegt. Es gibt Trinkempfehlungen der nachgeordneten Bundesoberbehörde zu moderatem Alkoholkonsum „ nicht mehr als zwei Drinks pro Tag zu konsumieren und am Arbeitsplatz, im Straßenverkehr und während der Schwangerschaft gar keinen Alkohol zu trinken (BGA Pressedienst, 26/1994). Hinsichtlich der Werbung wird in Deutschland auf freiwillige Selbstverpflichtungen der Industrie gesetzt. Es weist eine ähnliche Regulierungstiefe auf wie die Niederlande, aber eine deutlich geringere als z.B. Dänemark. Die unterschiedliche Regulierung der Werbemöglichkeiten in den Staaten der EU kann vollständig in einer Publikation der Amsterdam Group nachgelesen werden [18]. Im Zuge der europäischen Einigung wird die Gesundheitspolitik und damit auch die Alkoholpolitik zu einem suprastaatlichen Handlungsfeld. Die bereits auf nationalstaatlicher Ebene gegebenen Zwänge und Interessenkonflikte werden damit noch größer und differenzierter. Dies bringt allein schon die Zahl der in der Alkohol-industrie direkt und indirekt Beschäftigten mit sich. So sind in Deutschland 600.000 Beschäftigte direkt oder indirekt in der Alkoholindustrie tätig, in Großbritannien über 700.000 und in der ganzen EU (1990) ca. 3 Millionen.

Vor dem Hintergrund der in den einzelnen Staaten der Erde durchaus heterogenen Alkoholkulturen und Alkoholpolitiken wurde in den letzten Jahren neben den Aktivitäten des International Centers for Alcohol Policies, Washington DC, vor allem in Westeuropa die wissenschaftliche und politische Diskussion über Alkohol durch folgende Aktivitäten intensiviert:

- Die Verabschiedung der 38 Ziele der WHO (Regionalkomitee Europa 1984), von denen sich das Ziel 17 mit der Reduktion des Konsums von Drogen (Alkohol, Nikotin, andere psychoaktive Substanzen) befaßt.
- Die Resolution 86/C184/02 des Rates der Gesundheitsminister der Europäischen Gemeinschaft zum Thema Alkoholmißbrauch, in der die Kommission aufgefordert wird, „sorgsam gegeneinander abzuwägen, die mit der Herstellung, dem Vertrieb und der Verkaufsförderung alkoholischer Getränke im Zusammenhang stehenden Interessen und die Interessen des öffentlichen Gesundheitswesens und eine ausgewogene Politik zu betreiben."
- Die Billigung des European Alcohol Action Plans durch die Gesundheitsminister der europäischen Mitgliedstaaten der WHO im Jahr 1992
- Die Arbeiten der sogenannten Amsterdam-Gruppe, eines Zusammenschlusses von europäischen Alkoholherstellern, die externe Wissenschaftler mit einer Bestandsaufnahme des Nutzens und der Risiken des Alkoholkonsums in Europa beauftragt hat und
- die Buch-Publikation von Edwards „Alcohol Policy and the Public Good" im Jahr 1994 in Großbritannien, die seit 1997 auch in einer deutschen Übersetzung vorliegt [3].

Die Aktivitäten der WHO auf dem Gebiet der Alkoholpolitik sind in die internationalen und regionalen Maßnahmen zur Reduktion von Gesundheitsrisiken und zur Verbesserung des Gesundheitszustandes von Populationen durch präventive und gesundheitsfördernde Maßnahmen sowie einer stärkeren gesundheitlichen Zielbestimmung der Gesundheitspolitik einzuordnen, wobei der Alkoholkonsum nur eines unter einer Vielzahl von Interventionsfeldern darstellt. Die Aktivitäten und Forderungen der WHO werden primär im Sinne einer gesundheitspolitischen Programmatik aus der public health Perspektive abgeleitet. Das Buch von Edwards et. al. soll dabei explizit die wissenschaftliche Grundlage und ein Fundament des European Alcohol Action Plans darstellen.

Die Publikationen der Amsterdam Gruppe und die von Edwards et. al. markieren ganz unterschiedliche Positionen bei der Reduktion gesundheitsschädlicher Wirkungen des Alkoholkonsums. Nach einer umfangreichen Analyse sogenannter „alkoholbezogener Probleme" auf der Grundlage der vorliegenden epidemiologischen Daten sowie der Analyse und Bewertung von Interventionsstrategien schlußfolgern Edwards et al [3] unter anderem: „Ohne jeden Zweifel belegt die Summe dieser Befunde zwingend, daß Maßnahmen verfügbar sind, welche die alkoholbezogenen Schäden beträchtlich verringern können." Und weiter wird dort argumentiert: „Jegliche Überzeugung, daß Alkohol ein begrenztes Problem ist, weil sein Mißbrauch angeblich nur eine kleine Minderheit der Bevölkerung betrifft, die vernachlässigt werden kann und als fehlgeleitet und dem Alkohol verfallen abgewertet wird, ist falsch". „Die Zunahme der Alkoholproblematik ist in einem beträchtlichen Ausmaß kontrollierbar." (S. 177); „Die gesamte Menge des von einer Bevölkerung konsumierten Alkohols steht in signifikantem Zusammenhang mit dem Ausmaß der alkoholbezogenen Probleme, denen sich die Bevölkerung gegenübersieht." (S.178); „Generell führt ein zunehmender pro- Kopf-Konsum in einer Gesellschaft zu einem Anstieg des Konsums innerhalb der gesamten trinkenden Bevölkerung und zu einem Anstieg der Anzahl schwerer Trinker." (S.178).

Aus dieser hier in Kurzform wiedergegebenen Argumentation leitet sich der Ansatz einer weit gefächerten Kontrollstrategie für Alkohol durch Maßnahmen ab, die das Angebot und die Nachfrage reduzieren. Diese Strategie zielt nicht allein oder primär auf die Gruppe der durch Alkohol Gefährdeten und von Alkohol Abhängigen, sondern vielmehr auf die Gesamtbevölkerung, da von einer linearen und kausalen Beziehung zwischen der Konsumprävalenz und den negativen Folgen des Alkoholkonsums bis hin zu der dadurch determinierten Prävalenz der Alkoholabhängigkeit ausgegangen wird.

Die von der Amsterdam Gruppe beauftragten Wissenschaftler [18] nähern sich ihrer Aufgabe demgegenüber nicht über die Definition von Alkoholproblemen, sondern über das traditionelle epidemiologische Konzept unterschiedlicher Konsumhäufigkeiten bis hin zum Alkoholmißbrauch und die dadurch bedingten Gesundheitsfolgen. Schädliche Gesundheitsfolgen eines übermäßigen Alkoholkonsums werden bestätigt, leichter bis mäßiger Alkoholkonsum aber als nicht schädlich, sondern als protektiv angesehen. Bei der Analyse der Zusammenhänge zwischen Alkoholkonsum und Krankheiten heißt es schlußfolgernd:

„Taken together, the panel reports suggest that there are significant health effects associated with alcohol consumption. Alcohol is and has been one of the most intensively studied and researched substances consumed by man. There is an abundance of medical literature addressing the health effects of excessive consumption, but there is less written about the effects of light to moderate consumption. The panel identified common problems in virtually all of the existing biomedical research discussed in the reports including:

- methodological problems in calculating the amount of alcohol actually consumed by subjects, including difficulties in recalling the precise amount of alcohol consumed, underreporting of consumption by subjects of the studies and the presence of former alcoholics in studies reporting themselves as „non-drinkers."
- difficulties in accounting for confounding factors in studies, such as tobacco smoking, nutrition and diet and other life-style factors.

For example, final confirmation of the effects- positive or negative-of alcohol consumption shown in epidemiological studies can only be achieved by randomized intervention trial studies, which may be in some cases impossible due to methodological difficulties." (S.51). Auf der Grundlage der wissenschaftlichen Analyse wird eine verstärkte Alkoholkontrollpolitik abgelehnt: „There is little reason to expect, that measures aimed at lowering total alcohol consumption will reduce alcohol abuse." (S.13) „In the light of experience and the body of evidence now accumulating against policies based on control of availability methods, it is paradoxical that WHO has launched its European Alcohol Action Plan which is committed to this principle." (S. 27). Die Alkoholhersteller wollen also ein verantwortungsvolles Trinkverhalten fördern und den Alkoholmißbrauch reduzieren und unterbinden und hierbei vertrauensvoll mit den Regierungen zusammenarbeiten.

4 Alkohol-, Bier- und Weinkonsum in der deutschen Bevölkerung

Da Deutschland im weltweiten Vergleich zu den Ländern mit einem besonders hohen Konsum an alkoholischen Getränken zählt, sind Untersuchungen an deutschen Bevölkerungsgruppen unverzichtbar für eine verläßliche Beurteilung der gesundheitlichen Auswirkungen des Alkoholkonsums. Die nachfolgend dargestellten Ergebnisse beruhen vorwiegend auf Auswertungen der Nationalen Gesundheits-Surveys. Sie geben zum ersten Mal einen umfassenden Einblick in die Trinkgewohnheiten der deutschen Bevölkerung sowie in wichtige gesundheitliche Auswirkungen dieser Gewohnheiten.

4.1 Methoden und Daten

Im Rahmen der deutschen Herz-Kreisklauf-Präventionsstudie wurden 1985, 1988 und 1991 jeweils Nationale Gesundheits-Surveys durchgeführt [1,2]. Für die Surveys wurden große und repräsentative Stichproben der Westdeutschen Bevölkerung zufällig ausgewählt. Nach der Wiedervereinigung wurde 1991 zusätzlich eine Stichprobe der Bevölkerung in den neuen Bundesländern gezogen. Daraus ist erkennbar, daß der Alkoholkonsum in den neuen Bundesländern nicht wesentlich abweicht von dem in den alten Bundesländern [19]. Damit treffen die nachfolgenden Ergebnisse auf ganz Deutschland zu. Nicht enthalten sind in den Stichproben Nichtseßhafte und Heimbewohner. Unter den Nichtseßhaften ist der Alkoholkonsum wahrscheinlich wesentlich höher als in der Wohnbevölkerung, das Gegenteil trifft nach allgemeiner Erfahrung auf die Heimbewohner zu. Nach Auskunft des Statistischen Bundesamtes ist die Zahl von nicht seßhaften Personen nicht bekannt, sie wird aber auf unter 1 Prozent unserer Bevölkerung geschätzt.

Die Probanden der Nationalen Gesundheits-Surveys wurden mit einem standardisierten Fragebogen zum Selbstausfüllen unter Anleitung durch Interviewer befragt. Weiter wurden die Probanden in standardisierter Weise medizinisch untersucht, Blut- und Serumproben wurden in einem zentralen Labor analysiert. Die Analysen wurden unter aufwendiger interner und externer Qualitätskontrolle durchgeführt. Die Einzelheiten der Stichprobenziehung, das Fragenprogramm, die Meß- und Laborwerte, die Prozeduren der umfangreichen Qualitätssicherung und die Ausschöpfung der Stichprobe sind an anderer Stelle beschrieben [20,21,22]. Die Daten aus den Surveys stehen als Public Files für wissenschaftliche Auswertungen zur Verfügung und wurden für die nachfolgenden Auswertungen benutzt.

Die durchschnittlich pro Tag aufgenommene Menge an Flüssigkeit wurde in den Surveys mit Hilfe eines Fragenkomplexes erhoben, in dem u.a. gesondert nach Bier, Wein und hochprozentigen alkoholischen Getränken gefragt wurde. Es handelt sich um eine Recall- Methode, die den langfristigen Umgang mit Alkohol abfragt. Wie Validierungsuntersuchungen zeigen, führt die Methode in einem gewissen Prozentsatz sowohl zur Unter- als auch zur Überschätzung der tat-sächlich aufgenommenen Alkoholmengen, ergibt aber insgesamt zuverlässige Durchschnittswerte [22]. In einer gesonderten Skala wurde ermittelt, wie häufig bestimmte Alkoholika getrunken werden (Frequency-Methode).

Mit dem von uns benutzten Algorithmus [23] wurde aus den Angaben im Fragebogen errechnet, wieviel Gramm Alkohol pro Tag durchschnittlich von jedem Probanden konsumiert werden, der entsprechende Angaben gemacht hatte. Dabei kann differenziert werden nach der Alkoholmenge insgesamt und nach den Alkoholmengen, die in Form von Bier, Wein oder hochprozentigen alkoholischen Getränken genossen wurden.

Die durchschnittlich pro Kopf und Tag getrunkenen Alkoholmengen, die mit unserem Instrument ermittelt wurden, entsprechen in ihrer Größenordnung den von Keil et al. in der Region Augsburg mit einem anderen Recall-Verfahren gefundenen Mengen [24,25]. Mit unserer Methode werden durchschnittliche Alkoholaufnahmen von 31g für Männer und 15g für Frauen gefunden. Die im Jahrbuch „Sucht 97„ gemachten Angaben zum durchschnittlichen Alkoholkonsum in Deutschland liegen für Männer bzw. Frauen (Alter ab 15 Jahren) bei 43g bzw. 16g. Sie basieren auf dem Absatz alkoholischer Getränke [4].

Die nachfolgend dargestellten Unterschiede bei den Trinkgewohnheiten, z.B. zwischen Männern und Frauen, in verschiedenen Altersgruppen, zwischen den Sozialschichten, wurden jeweils auf statistische Signifikanz geprüft. Die Ergebnisse dieser Prüfungen wurden in den Abbildungen und Tabellen nicht dargestellt. Soweit keine numerische Identität zwischen den untersuchten Gruppen besteht, sind die gezeigten Unterschiede, auch wenn sie klein ausfallen, jeweils statistisch gesichert. Dies Ergebnis ist bei der großen Zahl von Probanden zu erwarten.

Analoges gilt für die gefundenen Zusammenhänge zwischen getrunkenen Alkoholmengen oder der Häufigkeit des Konsums alkoholischer Getränke auf der einen Seite sowie wichtigen Stoffwechselparametern oder Angaben zur subjektiven Gesundheit auf der anderen Seite. Bei den wichtigen Beziehungen zwischen Alkoholkonsum und Sterberaten wurden die Kenndaten der statistischen Prüfungen angegeben.

In allen hier beschriebenen Auswertungen wurde rechnerisch eine Adjustierung für unterschiedliche Verteilungen der Probanden in den verglichenen Gruppen nach Alter, Raucheranteil und sozialem Status vorgenommen. Diese Maßnahme schließt aus, daß Scheinabhängigkeiten oder Scheinzusammenhänge zwischen den betrachteten Gruppen entstehen und dargestellt werden.

4.2 Anteile an Abstinenten und Alkoholkonsumenten

Tabelle 1 gibt einen Überblick über die Prozentzahl von Abstinenten in der deutschen Bevölkerung sowie über die Anteile unserer Bevölkerung, die entweder (fast) nur Bier, (fast) nur Wein oder aber überhaupt irgendwelche Alkoholika zu sich nehmen. In der Tabelle wurden die Daten aus allen drei Nationalen Gesundheits-Surveys zusammengefaßt. Das ist gerechtfertigt, weil sich die Konsumgewohnheiten zwischen 1985 und 1991 nur wenig verändert haben. Die Basis für die nachfolgenden Auswertungen bilden also mehr als 15.000 Probanden, die etwa jeweils zur Hälfte Männer bzw. Frauen sind und die in ihren demografischen Eigenschaften der Bevölkerung in den alten Bundesländern entsprechen. Ein ergänzender Survey an einer repräsentativen Stichprobe der Bevölkerung in den neuen Bundesländern wurde 1991 durchgeführt. Der Bierkonsum in den neuen Bundesländern entspricht in etwa dem in den alten Ländern, Wein wird dort halb so viel getrunken, der Spirituosenkonsum liegt rund doppelt so hoch [1,19,26].

Die Gruppe der Menschen, die keine alkoholischen Getränke zu sich nehmen („trinke (fast) nie Bier, Wein oder hochprozentige Alkoholika„) umfaßt weit mehr Frauen als Männer. Im Beobachtungszeitraum 1985 bis 1991 geben 18% der Männer und 45% der Frauen an, (fast) abstinent zu leben. Dies heißt andererseits, daß 81% der Männer und 55% der Frauen mehr oder weniger regelmäßig alkoholische Getränke zu sich nehmen. Bei der großen Zahl von Studienteilnehmern fallen die ebenfalls berechneten 95% Konfidenzintervalle klein aus. Sie zeigen erwartungsgemäß statistisch signifikante Unterschiede zwischen Männer und Frauen in bezug auf die Trinkgewohnheiten. Dies gilt durchweg für alle in Tabelle 1 betrachteten Gruppen von Alkoholkonsumenten.

Wie aus Tabelle 1 weiter zu entnehmen ist, trinkt die Hälfte der deutschen Männer (fast) ausschließlich Bier, während unter den Frauen nur 12% Biertrinkerinnen zu finden sind. Wein wird dagegen von den Frauen bevorzugt.42% der Frauen geben an, Wein zu trinken, aber (fast) nie Bier. Bei den Männern machen 30% diese Angabe. Hochprozentige Alkoholika werden häufiger von Männer als von Frauen konsumiert, und dies in der Regel gemeinsam mit Bier oder Wein. Insgesamt geben aber nur 3% der Männer und 1% der Frauen an, überhaupt Alkoholika dieser Art zu konsumieren.

Der Blick allein auf die bevorzugten Getränke vermittelt aber kein aussagekräftiges Bild, wenn es um die Beziehungen zwischen Alkoholkonsum und Gesundheit geht. Hierbei sind andere Fragen entscheidender: von Bedeutung ist besonders, welche durchschnittliche Alkoholmenge von definierten Gruppen und Schichten getrunken wird, welche Anteile unserer Bevölkerung diese Gruppen repräsentieren und welche gesundheitlichen Auswirkungen in den Gruppen aufgrund des unterschiedlichen Konsums nachweisbar sind. Weiter ist interessant, ob die durchschnittliche pro Kopf Aufnahme von Alkohol differiert zwischen denen, die vorwiegend Bier oder aber Wein trinken und ob Angaben zur Häufigkeit des Alkoholgenusses in Zusammenhang mit der Trinkmenge zusätzliche Informationen über die gesundheitlichen Auswirkungen der Alkoholaufnahme beisteuern.

Tabelle 1. Anteil Konsumenten von Alkohol, Bier und Wein. Nationale Gesundheits-Surveys 1985, 1988 und 1991

	N	Prozent aller Personen
Alle Personen:		
Gesamt	15.405	100,00
Männer	7.677	49,8
Frauen	7.732	50,2
Abstinente:		
Gesamt	4.842	31,4
Männer	1.387	18,1
Frauen	3.455	44,7
Alkoholkonsumenten:		
Gesamt	10.563	68,6
Männer	6.290	81,9
Frauen	4.277	55,3
Bierkonsumenten:		
Gesamt	4.710	30,6
Männer	3.790	49,4
Frauen	920	11,9
Weinkonsumenten:		
Gesamt	5,560	36,1
Männer	2.312	30,1
Frauen	3.248	42,0

4.3 Durchschnittlicher Konsum an alkoholischen Getränken

In Abbildung 1 ist dargestellt, wieviel Alkohol von Männern und Frauen durchschnittlich pro Tag und Kopf aufgenommen wird. Die Menge lag Anfang der 90er Jahre bei 31g für Männer und 15g für Frauen. Die unabhängig gezogenen Stichproben von jeweils rund 5000 Probanden der drei Durchgänge der Nationalen Surveys zeigen, daß im Zeitverlauf zu Anfang der 90er Jahre weniger Alkohol konsumiert wird als noch Mitte der 80er Jahre. Diese Ergebnisse stimmen überein mit den in ähnlichem Umfang zurückgegangenen Umsatzzahlen der Alkoholindustrie. Da der auf entsprechenden Umsatzzahlen von Alkoholika beruhende Getränkeverbrauch in den Jahren nach 1991 noch weiter gefallen ist, kann daraus geschlossen werden, daß sich auch der pro Kopf-Konsum von Alkohol in Deutschland noch einmal verringert hat [26]. In dem zur Zeit laufenden Bundes-Survey, in dem die gleichen Instrumente zur Ermittlung des Alkoholkonsums eingesetzt werden, kann dies in Kürze auch auf der Ebene des individuellen Alkoholverbrauchs geprüft werden.

Für Aussagen über den Einfluß von alkoholischen Getränke auf die Gesundheit sind, abgesehen von den Trinkmustern (z.B. regelmäßig geringe versus selten große Alkoholmengen), die Gramm Alkohol entscheidend, die im Durchschnitt von einer Person getrunken werden. Für die folgenden Auswertungen wurden fünf Kategorien von Probanden gebildet. Neben den Abstinenten wurden leichte Alkoholtrinker (mild drinkers, 1-20g pro Tag und Kopf), moderate Alkoholkonsumenten (moderate drinkers, 21-40g pro Tag und Kopf), starke Alkoholtrinker (heavy drinkers, 41-80g pro Kopf und Tag) sowie sehr starke Trinker (very heavy drinkers, mehr als 80g pro Kopf und Tag) zu Gruppen mit so definierter Alkoholaufnahme zusammengefaßt. Die definierten Gruppen wurden weiter differenziert nach Trinkmustern. Nicht berücksichtigt wurden bisher unterschiedliche Körpergewichte der Probanden, um die Vergleichbarkeit mit internationalen Studien zu gewährleisten. Es liegt aber auf der Hand, daß gleiche Alkoholmengen u.a. die im Durchschnitt leichteren Frauen stärker belasten dürften als die Männer. Die pro kg Körpergewicht aufgenommenen Alkoholmengen sollen in weiteren Analysen Berücksichtigung finden.

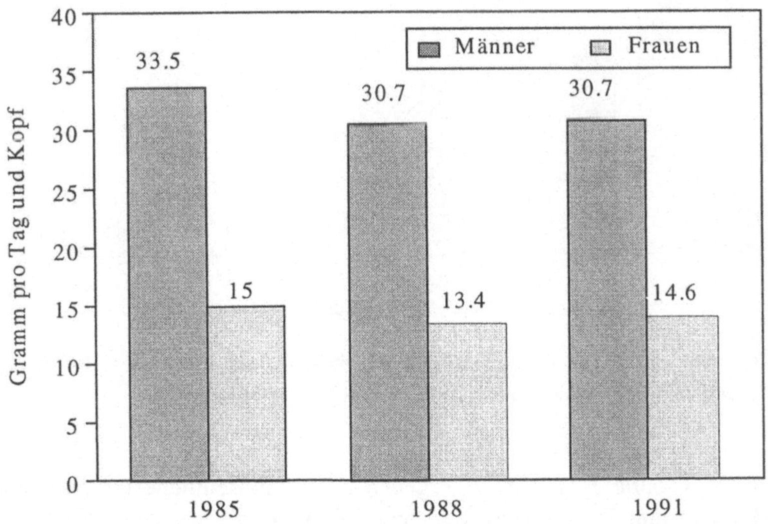

Abb. 1. Mittlerer Alkoholkonsum in Deutschland. Nationale Gesundheits-Surveys 1985, 1988 und 1991. Altersgruppe 25-69 Jahre. Adjustiert für Alter, Rauchen, soziale Schicht.

Abbildung 2 zeigt, welche prozentualen Anteile der deutschen Bevölkerung in die vorstehend definierten Kategorien fallen. Rund 33% der Männer geben an, moderate Mengen an Alkohol zu trinken, 20% sind leichte Alkoholtrinker, 22% müssen den starken Trinkern zugerechnet werden und 6% den sehr starken Trinkern. Unter den deutschen Frauen gibt es nicht nur weit mehr Abstinente als unter den Männern, sondern auch höhere Anteile an leichten Alkoholtrinkerinnen und geringere Anteile an moderaten und starken Trinkerinnen. Frauen mit einem sehr starken Alkoholkonsum (>80g pro Tag und Kopf) sind in unserer Gesellschaft selten zu finden (unter 1%).

Es muß an dieser Stelle darauf hingewiesen werden, daß die Probanden der Nationalen Gesundheits-Surveys zwar ein zuverlässiges Abbild der erwachsenen westdeutschen Bevölkerung darstellen, wie bei vielfachen Evaluationen gezeigt wurde [22]. Allerdings werden in solchen Stichproben bestimmte Gruppen der Gesellschaft, z.B. Nichtseßhafte und Heimbewohner, nicht einbezogen. In diesen Gruppen, über deren Größe keine genauen Kenntnisse vorliegen (siehe 4.1), sind vermutlich andere Trinkgewohnheiten zu finden.

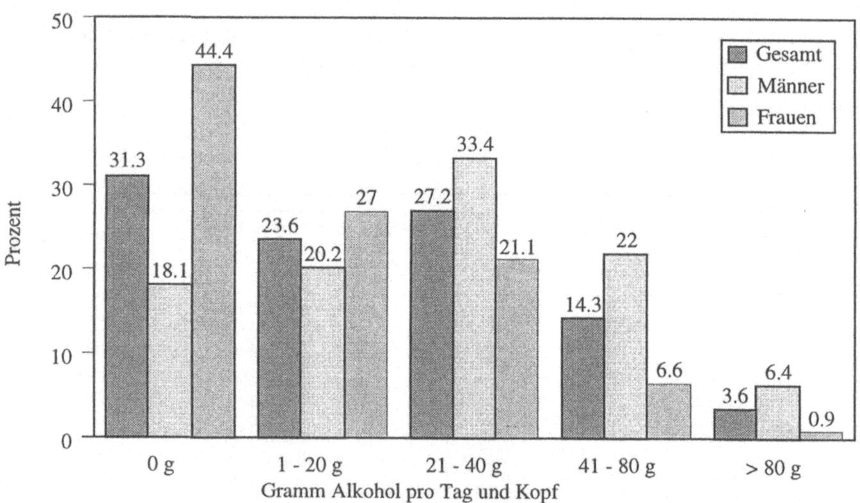

Abb. 2. Bevölkerungsanteile mit unterschiedlicher Alkoholaufnahme. Nationale Gesundheits-Surveys 1985, 1988 und 1991. Adjustiert für Alter, Rauchen, soziale Schicht

Wie bereits aus Tabelle 1 ersichtlich, ergeben sich auch deutliche Unterschiede zwischen Männern und Frauen beim Bier- und Weinkonsum. Biertrinker sind vorwiegend leichte und moderate Konsumenten von Alkohol, wie Abbildung 3 ausweist. Nahezu 65% aller Frauen, die angeben, vorwiegend Bier zu trinken, haben einen moderaten Bierkonsum von nicht mehr als 20g Alkohol pro Tag. Unter den Männern, die Bier trinken, finden sich nur etwa 25%, die bis zu 20g Alkohol pro Tag in Form von Bier trinken. Die überwiegende Mehrzahl der Biertrinker konsumiert mehr als 20g Alkohol pro Tag. Nahezu 40% aller Biertrinker trinken mehr als 40g Alkohol pro Tag. Starke und sehr starke Biertrinkerinnen sind unter den Frauen selten anzutreffen.

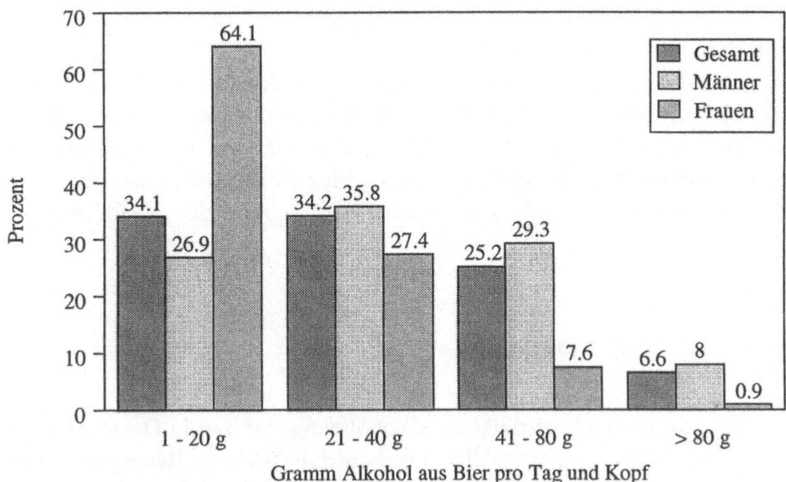

Abb. 3. Bevölkerungsanteile mit unterschiedlichem Bierkonsum. Nationale Gesundheits-Surveys 1985, 1988 und 1991, Altersgruppe 25 bis 69 Jahre. Adjustiert für Alter, Rauchen, soziale Schicht

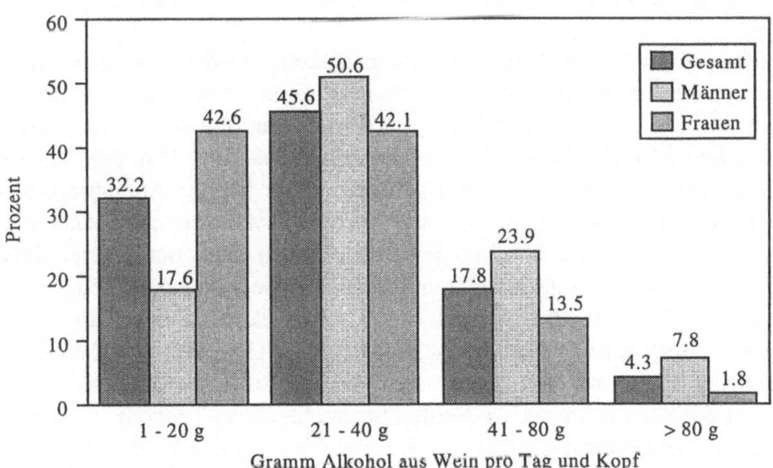

Abb. 4. Bevölkerungsanteile mit unterschiedlichem Weinkonsum. Nationale Gesundheits-Surveys 1985, 1988 und 1991; Altersgruppe 25 bis 69 Jahre. Adjustiert für Alter, Rauchen, soziale Schicht

Frauen trinken vorwiegend Wein. Der Anteil der moderaten und starken Weintrinkerinnen ist mit über 40% bzw. 13% hoch. Bei den Biertrinkerinnen überwiegen dagegen die Frauen mit leichtem Alkoholkonsum. Unter den Männern, die angeben, vorwiegend Wein zu trinken, gehört ein noch größerer Teil in die Gruppen mit moderatem oder starkem durchschnittlichem Konsum (50% bzw.23%), verglichen mit den Biertrinkern (Abb. 3 u. 4).

Vermutlich wegen des geringeren Alkoholgehaltes von Bier gehören unter den Biertrinkern mehr Männer und Frauen in die Kategorien mit mittlerer durchschnittlicher Alkoholaufnahme (21 bis 40g) gegenüber den Weintrinkern, die durchschnittlich höhere Alkoholmengen trinken. Dies ist erkennbar aus dem Vergleich der Bevölkerungsanteile in den einzelnen Kategorien der Abbildungen 3 und 4.

4.4 Alkoholkonsum und Lebensalter

Die pro Kopf durchschnittlich getrunkene Alkoholmenge variiert in Deutschland in bemerkenswertem Umfang mit dem Alter. Die häufig geäußerten Besorgnisse, daß Jugendliche in immer früherem Lebensalter mit dem Alkoholtrinken beginnen würden und daß immer mehr junge Menschen regelmäßige Alkoholkonsumenten würden, trifft auf unsere junge Generation aber nicht zu. Die Bundeszentrale für gesundheitliche Aufklärung führt seit langem Befragungen bei 14 bis 25-Jährigen zu deren Trinkgewohnheiten durch [27]. In dieser Altersgruppe ist die Häufigkeit des Alkoholkonsums erheblich zurückgegangen seit den 70er Jahren, wie Abbildung 5 zeigt.

Der durchschnittliche pro Kopf Konsum an Alkohol in den einzelnen Altersgruppen der erwachsenen deutschen Bevölkerung ist in Abbildung 6 dargestellt. Die täglich aufgenommene Alkoholmenge schwankt für Männer je nach Altersgruppe zwischen 24 und 34g, für Frauen zwischen 9 und 19g. Von der mittleren Altersgruppe wird am meisten Alkohol getrunken. Die jüngste Altersgruppe der Männer hat demgegenüber einen erheblich geringeren Alkoholverbrauch mit erkennbar abnehmender Tendenz über den beobachteten Zeitraum. Dieser Trend setzt sich offensichtlich fort in den Jahren nach 1991, wie die entsprechenden Verbrauchsstatistiken belegen. Er trifft auch für die neuen Bundesländer zu [26]. Bei der jüngsten Altersgruppe der Frauen ist allerdings das Gegenteil zu sehen. Junge Frauen nehmen Anfang der 90er Jahre mehr Alkohol zu sich als die gleiche Altersgruppe in den 80er Jahren. Hier werden unterschiedliche Tendenzen zwischen jungen Männern und Frauen sichtbar, wie sie auch beim Rauchen vorhanden sind.

Bedeutsam ist, daß die beiden höchsten Altersgruppen sowohl bei Männern als auch bei Frauen ihren Alkoholkonsum gegenüber der mittleren Altersgruppe wieder verringern. Das trifft auch in etwa zu für eine kohortenartige Betrachtung, d.h. für den Vergleich der 40-49-jährigen des ersten Survey-Durchgangs mit den 50-59-jährigen des Surveys von 1991.

Der Alkoholkonsum, gemessen als mittlere gesamte Alkoholaufnahme pro Tag, unterscheidet sich nicht wesentlich zwischen den einzelnen Meßzeitpunkten (Abb. 6). Da der Alkoholkonsum abhängig ist vom Alter und, wie nachfolgend noch gezeigt wird, auch vom sozialen Status, war es notwendig, bei einem Vergleich zwischen den einzelnen Meßzeitpunkten diese Variablen mit zu berücksichtigen. Zwar ergibt sich ein statistisch signifikanter Unterschied zwischen den Erhebungszeiträumen, der jedoch eher gering ist und zeigt, daß sowohl bei Männer als auch bei Frauen eine geringfügige Abnahme des durchschnittlichen Alkoholkonsums zwischen dem ersten und dem dritten Zeitraum zu verzeichnen ist.

In den Abbildungen 7 und 8 wurde aus Gründen der Übersichtlichkeit der gesamte Alkoholkonsum und die in Form von Bier, Wein und Spirituosen getrunkenen Alkoholmengen für eine jüngere (25-35 Jahre), eine mittlere (36-59 Jahre) und eine ältere Gruppe von Probanden dargestellt. Der aufgenommene Alkohol, gemessen als mittlere Alkoholmenge pro Kopf und Tag, steigt bei Männern in der mittleren Altersgruppe leicht an und fällt dann bei den 60-jährigen und älteren Männern wieder ab (Abb. 7). Ein ähnliches Muster ergibt sich für die Biertrinker. Bei den Männern, die vorwiegend Wein oder Spirituosen trinken, nimmt der Alkoholkonsum bis in die höchste Altersgruppe dagegen zu. Bei Frauen ist die gesamte Alkoholaufnahme und die aus einzelnen Getränkearten dagegen in der mittleren Altersgruppe jeweils am höchsten (Abb. 8). Bei den Spirituosen ergibt sich keine ausgeprägte Altersabhängigkeit des Konsums.

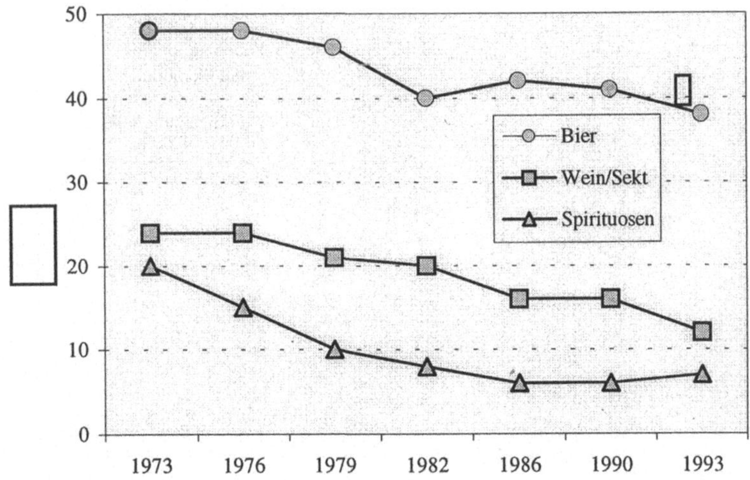

Abb. 5. Konsumhäufigkeit alkoholischer Getränke. Altersgruppe 14 bis 25 Jahre, alte Bundesländer. Quelle: Bundeszentrale für gesundheitliche Aufklärung [27].

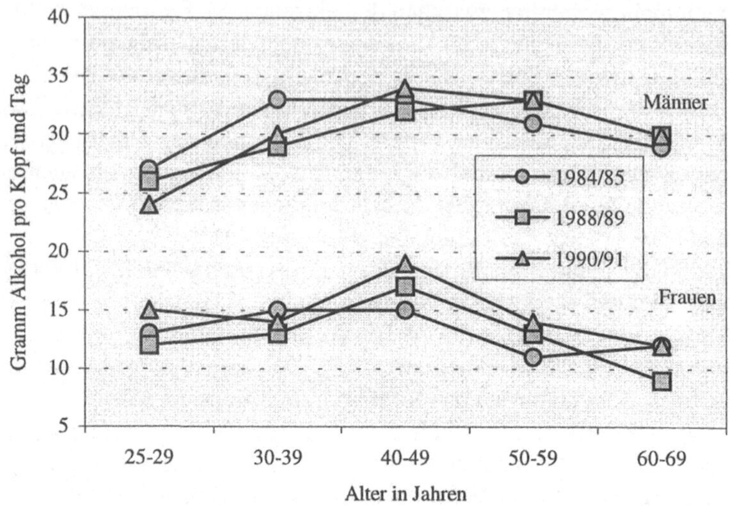

Abb. 6. Durchschnittlicher Alkoholkonsum in Deutschland nach Alter und Geschlecht. Nationale Gesundheits-Surveys

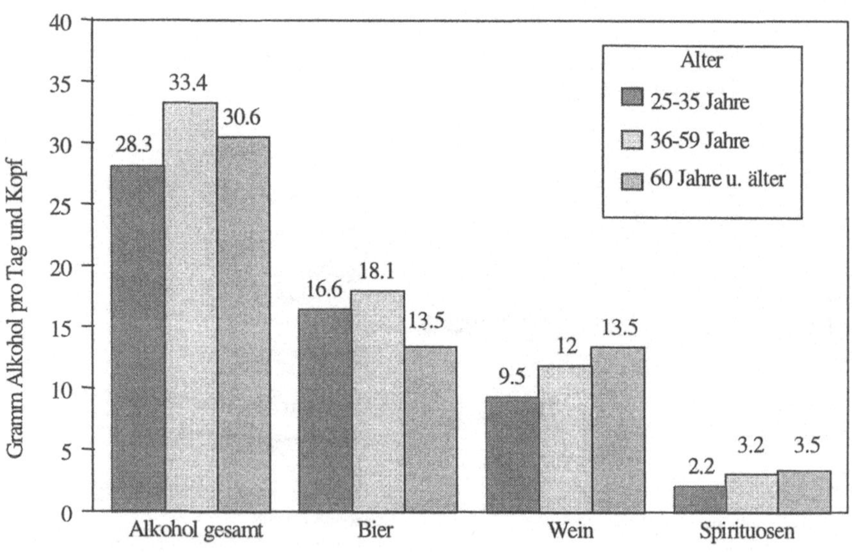

Abb. 7. Alkoholkonsum der Männer nach Altersgruppen. Nationale Gesundheits-Surveys 1985, 1988 und 1991. Adjustiert für Alter, Rauchen, soziale Schicht

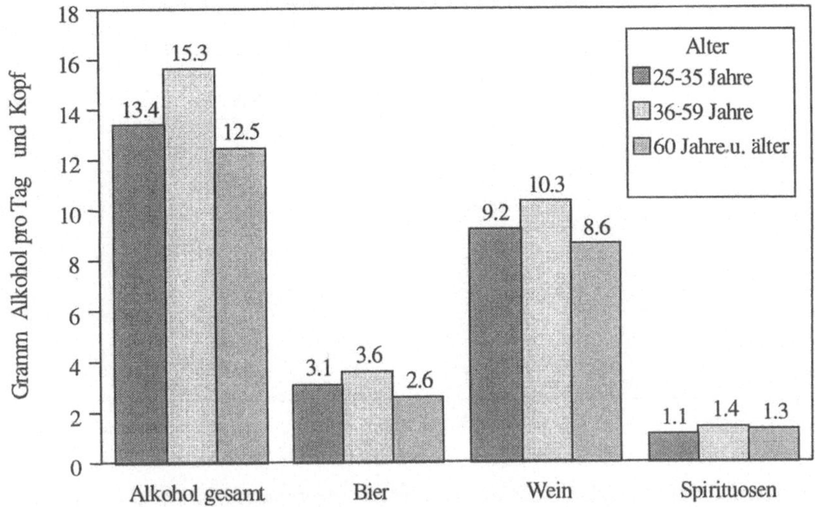

Abb. 8. Alkoholkonsum der Frauen nach Altersgruppen. Nationale Gesundheits-Surveys 1985, 1988 und 1991. Adjustiert für Alter, Rauchen, soziale Schicht.

4.5 Häufigkeit des Alkoholkonsums in Deutschland

Deutliche Unterschiede zwischen Männern und Frauen zeigen sich bei der Häufigkeit, mit der Alkohol genossen wird (Abb. 9). Über 60% der Männer, die Alkohol konsumieren, tun dies regelmäßig, d.h. fast täglich oder mehrmals in der Woche, wohingegen nur etwas über 30% der Frauen diesen Kategorien zugeordnet werden können. Von den Frauen, die Alkohol konsumieren, trinken nahezu 70% unregelmäßig, d.h. sie gehören den Kategorien „etwa einmal in der Woche„ oder „zwei bis dreimal im Monat„ und „maximal einmal im Monat„ an. Unter 40% der Männer fallen in diese drei Kategorien.

Bei der Aufschlüsselung der Trinkhäufigkeit von Männern und Frauen nach Altersgruppen ergeben sich keine grundlegenden Unterschiede zu dem vorhergehenden Befund. Bei den Männern bilden die regelmäßigen Trinker in allen dreiAltersgruppen die Mehrheit (Abb. 10). Bei den Frauen überwiegt der Anteil der unregelmäßig Trinkenden in allen Altersgruppen (Abb. 11).

Aufschlußreich ist eine Differenzierung der Probanden mit unterschiedlichen Trinkhäufigkeiten nach durchschnittlich getrunkenen Alkoholmengen. Die Gruppe der Männer, die einen höheren Alkoholkonsum von über 40g pro Tag haben, findet sich vorwiegend unter den regelmäßigen Trinkern. Dagegen ist die Gruppe der Frauen, die über 40g Alkohol pro Tag konsumieren, eher in den Kategorien angesiedelt, die auf unregelmäßigere Trinkgewohnheiten schließen lassen (Abb. 12 und 13). Männer haben also in weit geringerem Maße als Frauen ein Trinkverhalten,

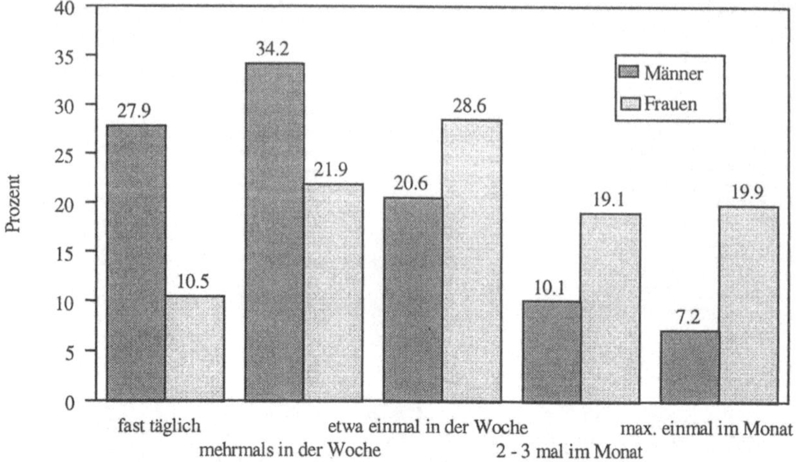

Abb. 9. Konsumhäufigkeit alkoholischer Getränke. Männer und Frauen, 25 bis 69 Jahre. Nationale Gesundheits-Surveys 1985, 1988 und 1991. Adjustiert für Alter, Rauchen soziale Schicht

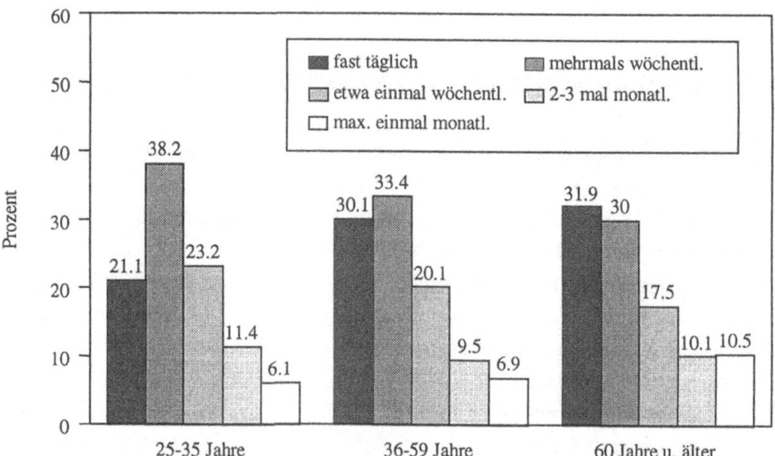

Abb. 10. Trinkhäufigkeit der Männer nach Altersgruppen˙. Nationale Gesundheits-Surveys 1985, 1988 und 1991. Adjustiert für Alter, Rauchen, soziale Schicht

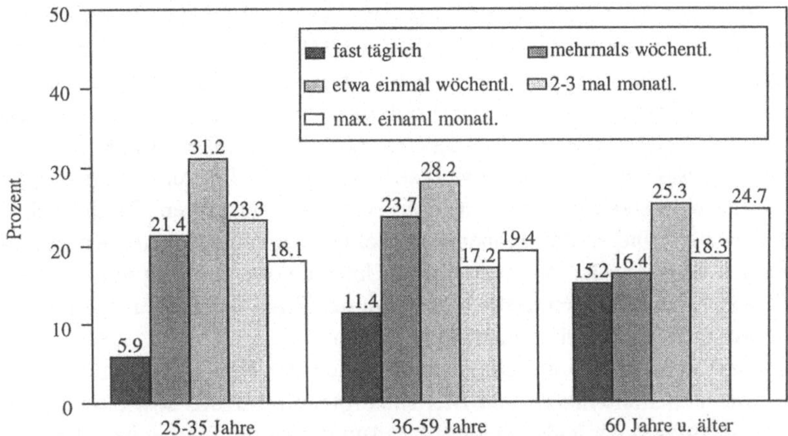

Abb. 11. Trinkhäufigkeit der Frauen nach Altersgruppen. Nationale Gesundheits-Surveys 1985, 1988 und 1991. Adjustiert für Alter, Rauchen, soziale Schicht

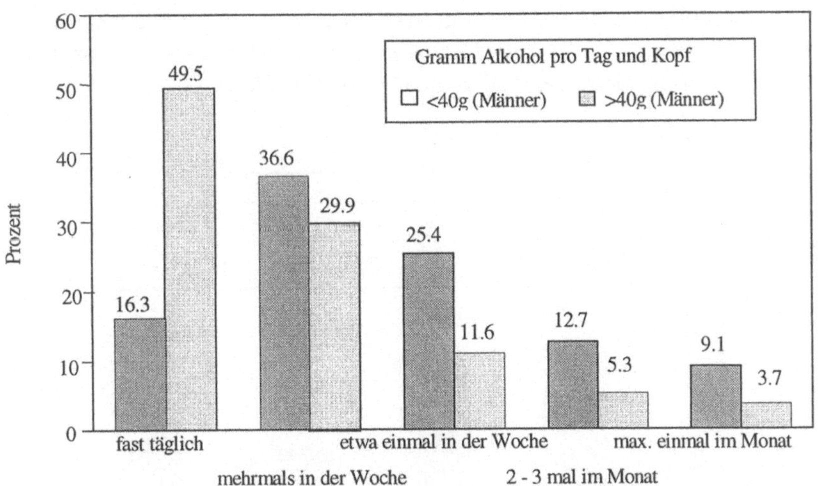

Abb. 12. Trinkhäufigkeit von Männern nach Alkoholmenge. Nationale Gesundheits-Surveys 1985, 1988 und 1991. Adjustiert für Alter, Rauchen, soziale Schicht.

das „binge drinking„ ist oder dem nahe kommt. Der „mäßige aber regelmäßige„ Alkoholgenuß, wie er typisch für die Mehrheit der Männer ist, wirkt sich nach allen Erkenntnissen günstiger auf die Gesundheit aus als das entgegengesetzte Trinkverhalten der Frauen. Hieraus erklärt sich möglicherweise zu Teilen, weshalb Frauen empfindlicher auf die gleichen durchschnittlich getrunkenen Alkoholmengen reagieren als Männer. Ob Frauen sich auch in anderen Ländern entsprechend verhalten, sollte untersucht werden, um diese Hypothese zu prüfen. Berücksichtigung muß aber auch finden, daß Frauen durchschnittlich ein geringeres Körpergewicht haben als Männer. Geschlechtstypische Unterschiede in bezug auf die Verträglichkeit von Alkohol sollten deshalb auch auf der Basis von getrunkenen Alkoholmengen pro kg Körpergewicht untersucht werden.

Noch ausgeprägter sind Unterschiede hinsichtlich der Häufigkeit der Alkoholaufnahme zwischen Biertrinkern und Biertrinkerinnen einerseits sowie Weintrinkern und Weintrinkerinnen anderseits (Abb. 14 und 15). Fünfundsechzig Prozent der Männer, die 40g Alkohol und mehr pro Tag im Form von Bier trinken, konsumieren dies täglich. Von den Männer, die über 40g Alkohol pro Tag vorwiegend in Form von Wein zu sich nehmen, trinken nur 18% täglich und 33.1% mehrmals in der Woche. Der Anteil der relativ unregelmäßig trinkenden Weinkonsumenten mit einem Alkoholkonsum von über 40g, finden sich zu 24% in der Kategorie „etwa einmal in der Woche“, 14% in der Kategorie „zwei- bis dreimal im Monat“ und etwa 10% in der Kategorie „maximal einmal im Monat“ (Abb. 14).

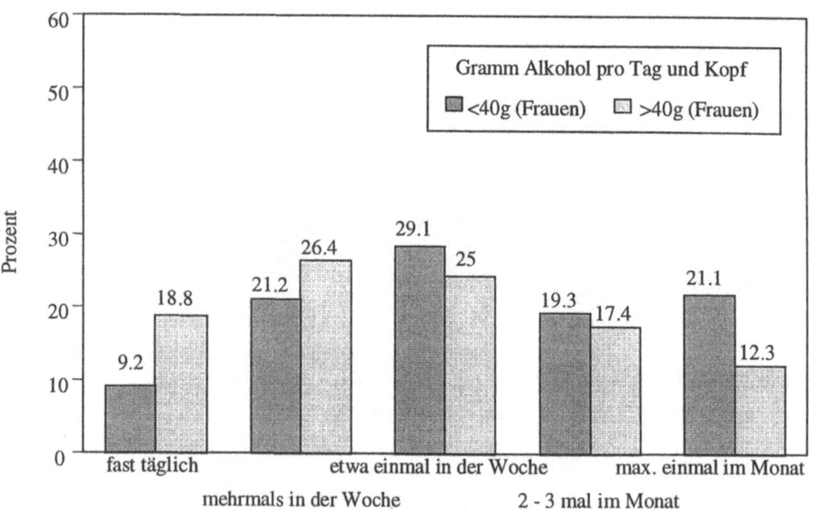

Abb. 13. Trinkhäufigkeit von Frauen nach Alkoholmenge. Nationale Gesundheits-Surveys 1985, 1988 und 1991. Adjustiert für Alter, Rauchen, soziale Schicht.

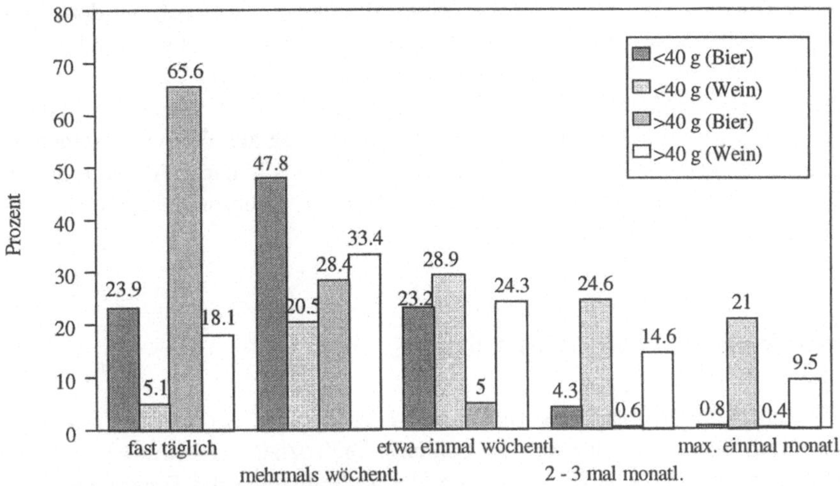

Abb. 14. Konsumhäufigkeit von Bier und Wein nach Alkoholmenge. Gesundheits-Surveys 1985, 1988 und 1991. Männer, 25 – 69 Jahre. Adjustiert für Alter, Rauchen, soziale Schicht.

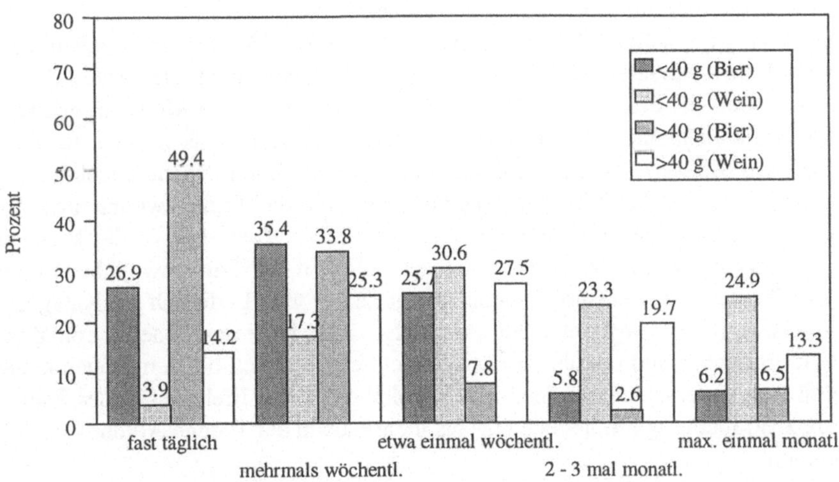

Abb. 15. Konsumhäufigkeit von Bier und Wein nach Alkoholmenge. Gesundheits-Surveys 1985, 1988 und 1991. Frauen, 25 – 69 Jahre. Adjustiert für Alter, Rauchen, soziale Schicht.

Deutliche Unterschiede in den Trinkgewohnheiten lassen sich auch bei dem Vergleich weiblicher Bier- und Weinkonsumenten erkennen, wie aus Abbildung 15 hervorgeht. Etwa 50% der Frauen, die mehr als 40g Alkohol pro Tag im Form von Bier zu sich nehmen, finden sich in der Kategorie, die täglich Bier trinkt, wohingegen nur 14% der Frauen, die über 40g Alkohol pro Tag aus Wein aufnehmen, in die Kategorie „fast täglich„ fallen. Die Frauen, die einen höheren Alkoholkonsum aus Wein haben, gehören vorwiegend den Kategorien „mehrmals in der Woche„ und „etwa einmal in der Woche„an.

4.6 Alkoholkonsum und sozialer Status

Die Häufigkeit des Konsums alkoholischer Getränke aller Art wird auch geprägt vom sozialen Status (von der sozialen Schicht). Die soziale Schicht wird als Index berechnet, in den die Ausbildung, der berufliche Status und das Einkommen eingehen [28]. Auf der Basis dieses Index wurde unsere Bevölkerung zu etwa je einem Drittel der oberen, mittleren oder unteren sozialen Schicht zugeordnet. Aus Abbildung 16 geht hervor, daß Männer der Unterschicht besonders häufig zu den täglichen Alkoholtrinkern gehören, während Oberschichtangehörige unter denen dominieren, die mehrmals in der Woche Alkohol konsumieren.

Auffällige Unterschiede bei den Trinkgewohnheiten der Männer, ergeben sich hinsichtlich ihrer sozialen Schichtzugehörigkeit allerdings nicht. Der Anteil derjenigen, die zwei- bis dreimal im Monat oder maximal einmal im Monat irgendwelche Alkoholika trinken, ist bei der unteren sozialen Schicht etwas geringer im Vergleich zu den Männern, die der mittleren und oberen sozialen Schicht angehören.

Im Gegensatz zu den Männern unterscheiden sich die Trinkgewohnheiten der Frauen in den einzelnen sozialen Schichten deutlicher (Abb. 17). In der sozialen Unterschicht wird mit zunehmender Unregelmäßigkeit der Trinkgewohnheiten die Zahl der Frauen in den entsprechenden Kategorien größer. Lediglich die Kategorie „zwei- bis dreimal im Monat„ fügt sich nicht völlig in dieses Schema ein. Zwischen der mittleren und oberen sozialen Schicht ergeben sich bei den Frauen keine wesentlichen Unterschiede in den Trinkgewohnheiten. Die Mehrheit dieser Frauen gibt an, zwar nicht täglich, jedoch ein- bis mehrmals in der Woche Alkohol zu sich zu nehmen.

Bei der Aufschlüsselung der Daten nach der Trinkhäufigkeit männlicher Bierkonsumenten in Abhängigkeit von der sozialen Schicht zeigt sich, daß Männer in der unteren sozialen Schicht regelmäßiger Bier trinken als die in der mittleren und oberen sozialen Schicht, obwohl die Unterschiede nicht sehr groß sind (Abb.18). Männer, die vorwiegend Wein konsumieren, trinken offenbar seltener täglich Alkohol. Insgesamt trinken Männer aus der Unterschicht seltener Wein als Mittel- oder Oberschichtangehörige. Die Männer der sozialen Oberschicht trinken zu über 30% mehrmals in der Woche Wein (Abb. 19).

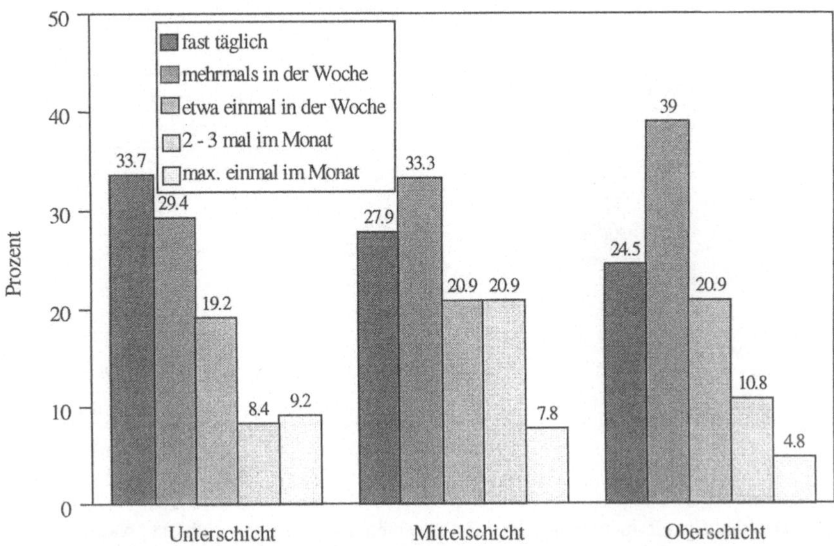

Abb. 16. Trinkhäufigkeit der Männer nach sozialer Schicht. Nationale Gesundheits-Surveys 1985, 1988 und 1991. Altersgruppe 25 bis 69 Jahre. Adjustiert für Alter, Rauchen.

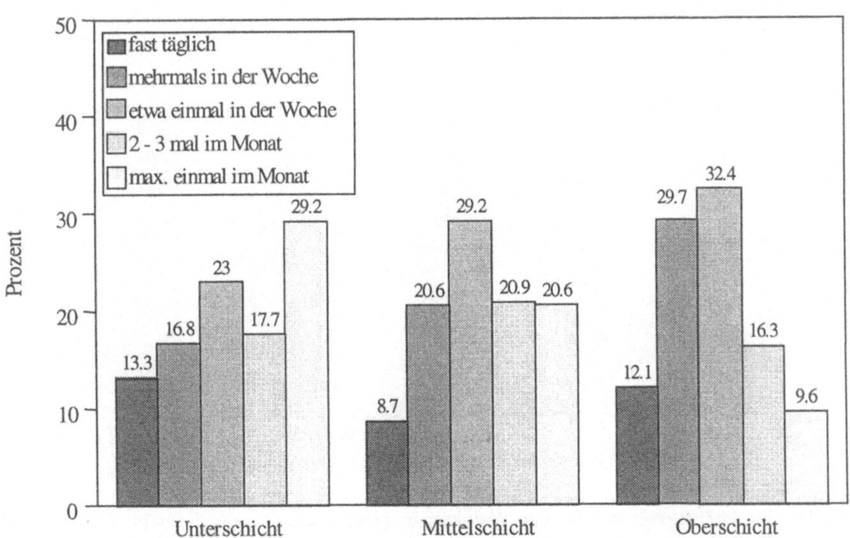

Abb. 17. Trinkhäufigkeit der Frauen nach sozialer Schicht. Nationale Gesundheits-Surveys 1985, 1988 und 1991. Altersgruppe 25 bis 69 Jahre. Adjustiert für Alter, Rauchen.

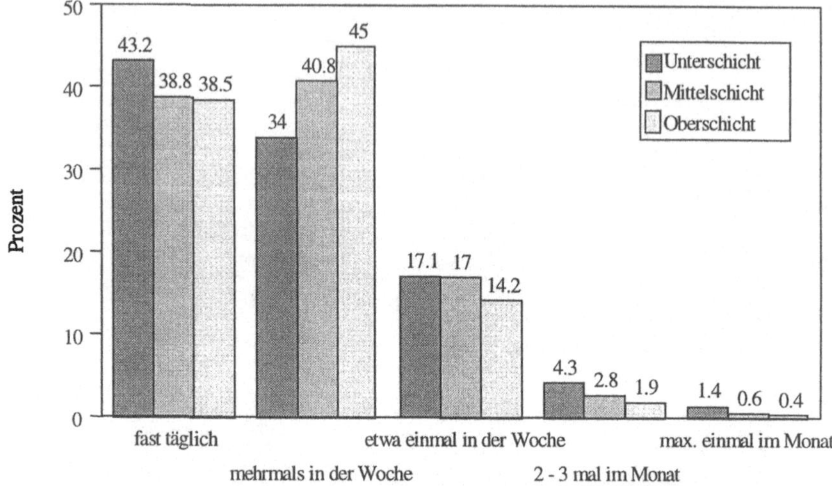

Abb. 18. Trinkhäufigkeit männlicher Bierkonsumenten nach sozialer Schicht. Nationale Gesundheits-Surveys 1985, 1988 und 1991. Altersgruppe 25 bis 69 Jahre. Adjustiert für Alter, Rauchen.

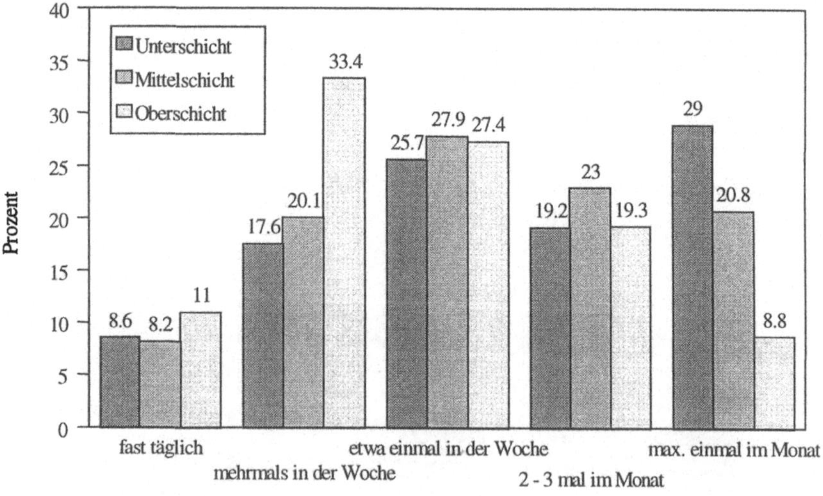

Abb. 19. Trinkhäufigkeit männlicher Weinkonsumenten nach sozialer Schicht. Nationale Gesundheits-Surveys 1985, 1988 und 1991. Altersgruppe 25 bis 69 Jahre. Adjustiert für Alter, Rauchen

Die Trinkhäufigkeit der weiblichen Bierkonsumenten unterscheidet sich nicht deutlich zwischen den sozialen Schichten. Die Mehrheit der Biertrinkerinnen sprechen diesem Getränke durchaus regelmäßig zu (Abb. 20). Anders verhalten sich

Frauen, die vorwiegend Wein konsumieren. Hier befinden sich die Weintrinkerinnen insbesondere in der oberen sozialen Schicht, wobei kein täglicher aber mehrmals in der Woche bzw. etwa einmal in der Woche stattfindender Weinkonsum vorherrscht. Soweit Frauen aus der unteren sozialen Schicht Wein trinken, tut dies der überwiegende Teil maximal einmal im Monat (Abb.21).

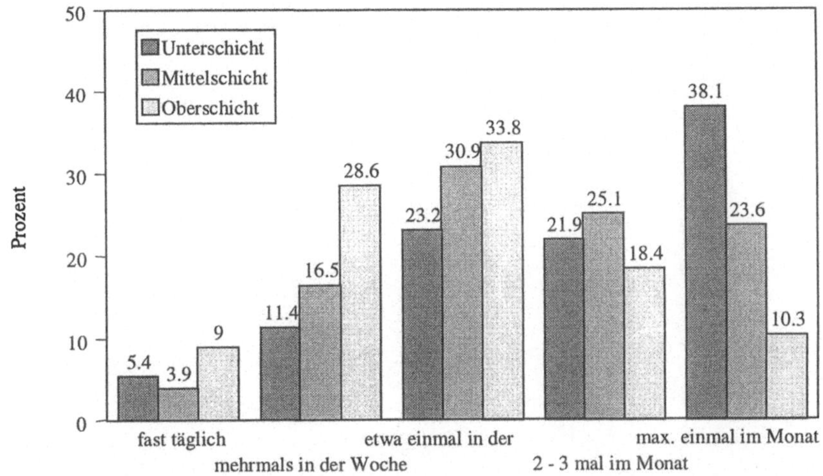

Abb. 20. Trinkhäufigkeit weiblicher Bierkonsumenten nach sozialer Schicht. Nationale Gesundheits-Surveys 1985, 1988 und 1991. Altersgruppe 25 bis 69 Jahre. Adjustiert für Alter, Rauchen.

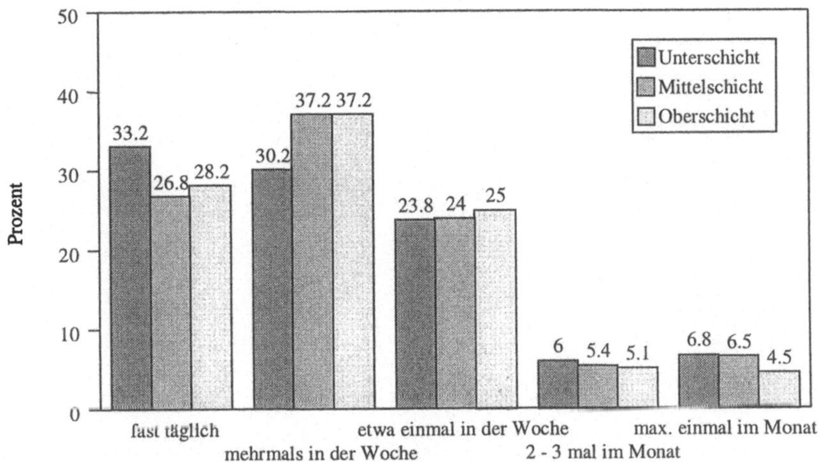

Abb. 21. Trinkhäufigkeit weiblicher Weinkonsumenten nach sozialer Schicht. Nationale Gesundheits-Surveys 1985, 1988 und 1991. Altersgruppe 25 bis 69 Jahre. Adjustiert für Alter, Rauchen

5 Beziehungen zwischen Alkoholkonsum, Risikofaktoren und Stoffwechselgrößen

Bei normalem, maßhaltendem Umgang mit alkoholischen Getränke verringert sich das Sterberisiko erheblich, wie in Kapital 7 genauer beschrieben wird. Ein starker Einfluß des Alkoholkonsums auf die Gesamtmortalität und besonders auf die kardiovaskuläre Mortalität ist aber nur denkbar, wenn die zugrunde liegenden Krankheiten und ihre Ursachen wirkungsvoll zurückgedrängt werden. Für wichtige Risikofaktoren des Herzkreislaufsystems trifft das zu. In internationalen Studien konnte ein günstiger Einfluß des moderaten Alkoholgenusses ebenso gezeigt werden wie für das Auftreten (die Inzidenz) von Herzinfarkt, ischämischen Herzkrankheiten und weiteren chronischen Krankheiten. Wir haben die bekannten Beziehungen zwischen den aufgenommenen Alkoholmengen und Gesamtcholesterin, HDL-Cholesterin, Blutdruck, Body Mass Index, Triglyzeriden an den Daten der Nationalen Gesundheits-Surveys unter den Lebensgewohnheiten in Deutschland geprüft und internationale Befunde in gleiche Größenordnung bestätigen können. Bei der Untersuchung von hämatologischen Parametern und weiteren Stoffwechselgrößen wie Transferrin ergaben sich ebenfalls Zusammenhänge mit der Alkoholaufnahme, die für leichten und moderaten Alkoholkonsum durchgängig gesundheitlich positiv zu bewerten sind.

Zu interessanten Ergebnissen führten auch die Korrelationsrechnungen zwischen der Menge an getrunkenem Alkohol und den Durchschnittswerten für lebertypische Enzyme im Serum, wobei geringfügig höhere Mitttelwerte der Enyzme bei maßvollem Alkoholkonsum nicht ohne weiteres gleichgesetzt werden dürfen mit höherer Krankheitslast in diesen Bevölkerungsgruppen. Die gleichzeitig niedrigere Gesamtmortalität, das niedrigere kardiovaskuläre Risiko, aber auch ein subjektiv als besser empfundener Gesundheitszustand (siehe Kapital 6) und weniger Angaben über Krankheiten in diesen Personengruppen machen eine differenzierte Betrachtung der Leberenzymwerte nötig.

5.1 Alkoholkonsum und Serum-Lipide

Wie aus den Tabellen 2 und 3 zu entnehmen ist, steigen die Serummittelwerte für Gesamtcholesterin bei Männern und Frauen mit höher werdendem Alkoholkonsum leicht an. Entscheidend für das kardiovaskuläre Risiko ist aber, ob dies auf die Fraktion des atherogenen LDL-Cholesterins oder auf den Anteil am günstig wirkendem HDL-Cholesterin zurückgeht. Aus vielen internationale Studien ist bekannt, daß die Serumspiegel des HDL-Cholesterins umso höhere durchschnittliche Werte aufweisen je höher der Alkoholkonsum ist [29]. Allerdings varriert dieser Einfluß bei unterschiedlichen Populationen in seinem Ausmaß.

Für Männer und Frauen in Deutschland steigen die mittleren Serumwerte für HDL-Cholesterin mit zunehmendem Alkoholkonsum stetig und kräftig an. Aus den Abbildungen 22 und 23 ist abzulesen, daß das HDL-Cholesterin zwischen 10% und 23% höher ausfällt bei Alkoholkonsumenten im Vergleich zu Abstinenten. Der Anstieg dieses günstigen Cholesterinanteils bedeutet ein erheblich verringertes kardiovaskuläres Risiko für die Alkoholtrinker [30]. Dagegen bleibt der Anteil des sogenannten „Non-HDL-Cholesterins„ und damit der atherogene Cholesterinanteil mit zunehmender Alkoholmenge in etwa gleich, wie aus den Differenzen zwischen Gesamtcholesterin und HDL-Cholesterin zu ersehen ist.

Bei vergleichenden Untersuchungen zwischen den USA und Deutschland wurde immer wieder festgestellt, daß die Mortalität an ischämischen Herzkrankheiten und anderen Kreislaufkrankheiten in Deutschland niedriger ist als in den USA, obwohl das Gesamtcholesterin und die anderen Risikofaktoren in unserer Bevölkerung durchschnittlich höher liegen und zu einer höheren kardiovaskulären Mortalität führen müßten. Zur Erklärung dieses Phänomens wurden die in Deutschland höheren HDL-Cholesterinspiegel herangezogen [2]. Diese vorteilhaft erhöhten HDL-Cholesterinspiegel werden vermutlich vorwiegend von dem hierzulande höherem durchschnittlichen Alkoholkonsum hervorgerufen. In Deutschland liegt der pro Kopf-Konsum an Alkohol um rund 50% über dem in den USA (1994: 51%; 1995: 46%) [26].

Neben der absoluten Höhe der Gesamtcholesterin- und HDL-Cholesterinspiegel hat sich der Quotient aus diesen beiden Größen als unabhängiger Indikator für eine Gefährdung von Herz und Kreislauf erwiesen. Je kleiner der Quotient von Gesamtcholesterin zu HDL-Cholesterin ausfällt, desto geringer ist das kardiovaskuläre Risiko. Aus den Tabellen 2 und 3 ist zu entnehmen, daß der Quotient mit steigendem Alkoholkonsum gegenüber den Abstinenten stetig kleiner wird.

Tabelle 2. Serumlipide und Alkoholkonsum. Nationale Gesundheits-Surveys 1985, 1988 und 1991. Männer, 25 bis 69 Jahre. Adjustiert für Alter, Rauchen, sozialen Status; die Trends sind signifikant mit Ausnahme des Gesamtcholesterins.

	Mittelwerte			
Gramm Alkohol pro Tag u. Kopf	Ges.-Chol. mmol/l	HDL-Chol. mmol/l	Ges.-Chol / HDL-Chol.	Trigl. mmol/l
0 g	5,9	1,2	4,9	2,3
1 - 20 g	6,0	1,3	4,6	2,3
21 - 40 g	6,0	1,3	4,6	2,3
41 - 80 g	6,2	1,4	4,4	2,4
>80 g	6,3	1,4	4,5	2,6

Tabelle 3. Serumlipide und Alkoholkonsum. Nationale Gesundheits-Surveys 1985, 1988 und 1991. Frauen, 25 bis 69 Jahre. Adjustiert für Alter, Rauchen, sozialen Status; die Trends sind signifikant mit Ausnahme des Gesamtcholesterins.

	Mittelwerte			
Gramm Alkohol pro Tag u. Kopf	Ges.-Chol. mmol/l	HDL-Chol. mmol/l	Ges.-Chol/HDL -Chol	Trigl. mmol/l
0 g	6,1	1,6	3,8	3,0
1 - 20 g	6,0	1,7	3,5	2,8
21 - 40 g	6,1	1,7	3,6	2,7
41 - 80 g	6,1	1,8	3,4	2,6
>80 g	6,0	1,9	3,2	2,5

Die Triglyzeride sind ein weiteres Serumlipid, das bei höher ausfallenden Werten ein größeres kardiovaskuläres Risiko anzeigt. Wie aus den Tabellen 2 und 3 abzulesen ist, ist ein leichter oder moderater Alkoholkonsum bei Frauen mit niedrigeren mittleren Triglyzeridspiegeln korreliert, bei Männern dieser Kategorien entsprechen die Triglyzeridwerte denen bei Abstinenten. Erst bei starker oder sehr starker Alkoholaufnahme ist ein geringer Anstieg der Triglyzeride festzustellen.

Die vorteilhaften Einflüsse des maßvollen Alkoholkonsums auf die Blutlipide gelten nicht nur für die insgesamt aufgenommenen Alkoholmengen. Auch für die Probanden mit vorwiegendem Bierkonsum oder Weinkonsum ergeben sich praktisch identische Auswirkungen. In den Abbildungen 22 und 23 ist das für das HDL-Cholesterin dargestellt. Der günstige Einfluß von Alkohol auf das HDL-Cholesterin findet sich bei Männern und Frauen in gleichem Ausmaß. Der Effekt ist offenbar unabhängig davon, daß Frauen im Durchschnitt etwa 30% höhere Serumspiegel an HDL-Cholesterin haben als Männer.

Bei der Bewertung des Alkoholkonsums im Hinblick auf das kardiovaskulare Gesamtrisiko wird immer wieder darauf hingewiesen, daß Alkoholgenuß akut zu einem Anstieg des Blutdrucks führt und damit eine Gefährdung von Herz und Kreislauf mit sich bringt. Besonders die hämorrhagisch bedingten Schlaganfälle (die allerdings nur rund 10% aller Schlaganfälle ausmachen) treten offenbar häufiger als Folge des Alkoholtrinkens auf. Die Studienergebnisse hierzu sind aber noch widersprüchlich [25,31].

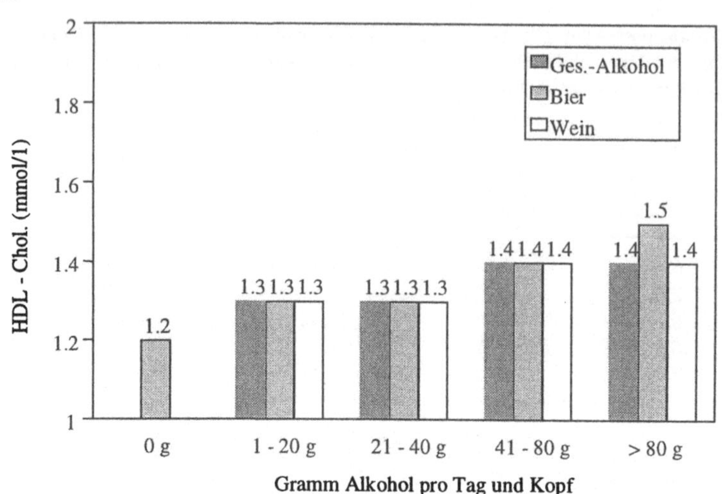

Abb. 22. HDL-Cholesterin und Alkohol. Nationale Gesundheits-Surveys 1985, 1988 und 1991. Männer, 25 bis 69 Jahre. Adjustiert für Alter, Rauchen, soziale Schicht.

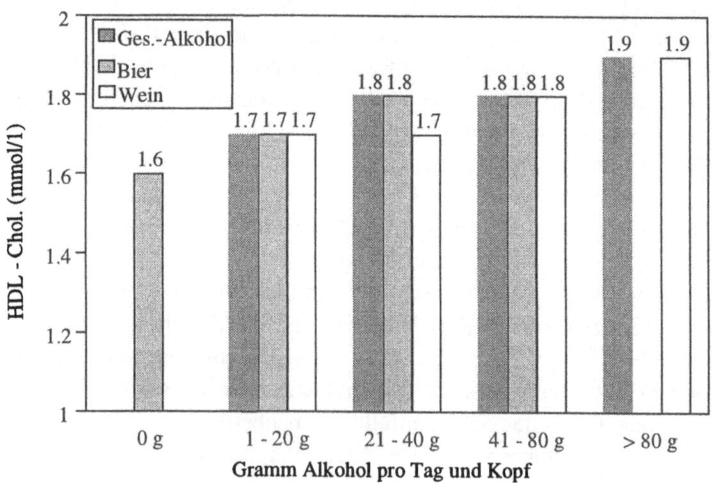

Abb. 23. HDL-Cholesterin und Alkohol. Nationale Gesundheits-Surveys 1985, 1988 und 1991. Frauen, 25 bis 69 Jahre. Adjustiert für Alter, Rauchen, soziale Schicht.

5.2 Alkoholkonsum und Blutdruck

Regelmäßig starker oder sehr starker Alkoholkonsum (>40g pro Tag und Kopf) hat eindeutig einen durchschnittlich höheren Blutdruck im Gefolge und stellt damit eine unerwünschte Wirkung des Alkoholgenusses dar. Dies wurde übereinstimmend in mehreren epidemiologischen Studien nachgewiesen, darunter auch Untersuchungen in Deutschland [25]. Von besonderer Bedeutung ist deshalb die Frage, welche Zusammenhänge in unserer Bevölkerung zwischen den mittleren Blutdruckwerten und leichter bzw. moderater Alkoholaufnahme bestehen.

Die Abbildungen 24 und 25 zeigen den Einfluß steigender Alkoholmengen auf den diastolischen und den systolischen Blutdruck bei Männern. Im Vergleich zur Gruppe der Abstinenten steigen die mittleren Blutdruckwerte in den Gruppen mit leichtem und moderatem Konsum nur unwesentlich an. Deutlich höhere Blutdruckwerte sind bei Alkoholmengen über 40g festzustellen, bei mehr als 80g finden sich Blutdruckwerte, die erheblich über denen der Nichttrinker liegen.

Für Frauen ergibt sich ein weitgehend ähnlicher Zusammenhang zwischen den durchschnittlich getrunkenen Alkoholmengen und den Blutdruckwerten. Ein nennenswerter Einfluß des Alkoholkonsums ist ab Alkoholmengen über 40g pro Tag festzustellen, wie die Abbildungen 26 und 27 ausweisen. Allerdings bleibendie Mittelwerte für den diastolischen und den systolischen Blutdruck bei Frauen durchgängig in allen Kategorien des Alkoholkonsums niedriger als bei den Männern. Das entspricht dem bekannten niedrigerem Blutdruckniveau von Frauen gegenüber Männern.

Bemerkenswert sind die unterschiedlich großen Auswirkungen von Bier und Wein auf den Blutdruck der Männer. In allen Konsumkategorien fallen die Mittelwerte sowohl für die diastolischen als auch für die systolischen Blutdruckwerte bei den Weintrinkern niedriger aus als bei den Biertrinkern. Bei den Frauen sind die Blutdruckunterschiede zwischen Bier- und Weinkonsumentinnen sogar noch ausgeprägter [Abb. 26 und 27].

Ob für die Getränke-spezifischen Einflüsse auf den Blutdruck tatsächlich irgendwelche Inhaltsstoffe (nicht aber der Alkohol) verantwortlich sind oder aber andere, bisher nicht bekannte Faktoren (z.B. Selektionen), bleibt noch zu klären. Da bei den Auswertungen für wichtige Konfounder wie soziale Schicht und Rauchen adjustiert wurde, kann das hier beschriebene Phänomen nicht von ungleichen Verteilungen dieser Variablen herrühren.

Erhöhter Blutdruck ist ein bedeutender und in unserer Bevölkerung häufig vorkommender Risikofaktor für Herz-Kreislauf-Krankheiten und besonders für die koronare Herzkrankheit. Es ist deshalb notwendig, die vorstehend beschriebenen Einflüsse des Alkoholkonsums auf den Blutdruck unter diesem Risikoaspekt zu bewerten: Die bei leichten und moderaten Alkoholkonsumenten im Vergleich zu Abstinenten ge ringfügig höheren Mittelwerte des diastolischen und systolischen Blutdrucks (bis höchstens 1 mm Hg) erhöhen das kardiovaskuläre Sterberisiko nach den bekannten Risikoberechnungen aber nur unwesentlich [26]. Für Wein trinkende Männer und Frauen ergibt sich in diesen Gruppen teilweise sogar eine Abnahme des Risikos, während Biertrinker bis zu 2,3 mm Hg höhere

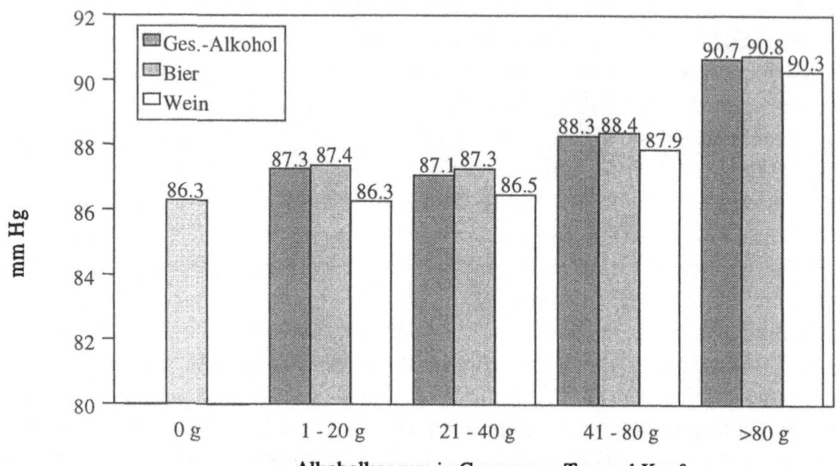

Abb. 24. Diast. Blutdruck und Alkoholkonsum. Nationale Gesundheits-Surveys 1985, 1988 und 1991. Männer, 25 bis 69 Jahre Adjustiert für Alter, Rauchen, soziale Schicht.

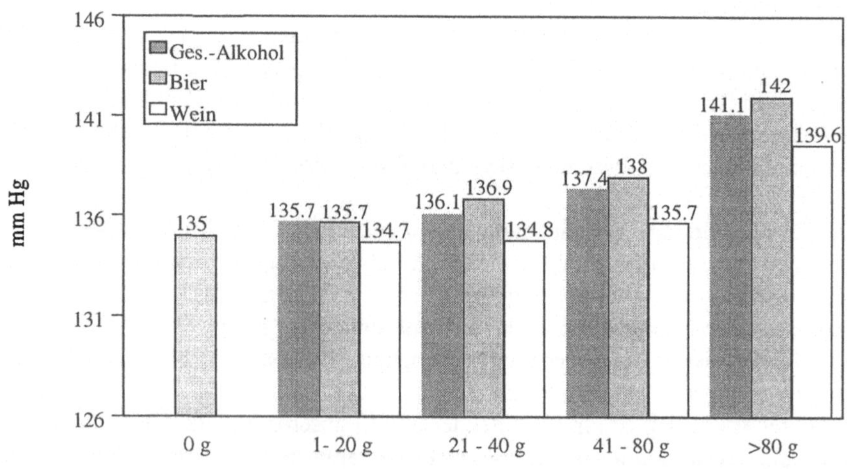

Abb. 25. Syst. Blutdruck und Alkoholkonsum. Nationale Gesundheits-Surveys 1985, 1988 und 1991. Männer, 25 bis 69 Jahre. Adjustiert für Alter, Rauchen, soziale Schicht.

Mittelwerte aufweisen und dem entsprechend ein leicht erhöhtes Mortalitätsrisiko haben. Bei starken und sehr starken Alkoholkonsumenten sind die Blutdruckmittelwerte teilweise um 4 bis 6 mm Hg höher als bei Abstinenten. Für die Konsumenten in den ungünstigsten Kategorien kann geschätzt werden, daß deren kardiovaskuläres Sterberisiko um höchstens 20 % über dem der Abstinenten liegt (Abb. 24-27) [32].

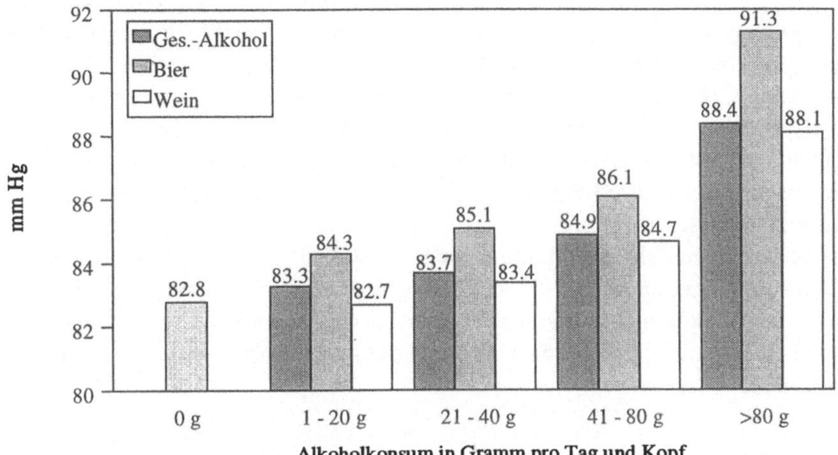

Abb. 26. Diast. Blutdruck und Alkoholkonsum. Nationale Gesundheits-Surveys 1985, 1988 und 1991. Frauen, 25 bis 69 Jahre. Adjustiert für Alter, Rauchen, soziale Schicht.

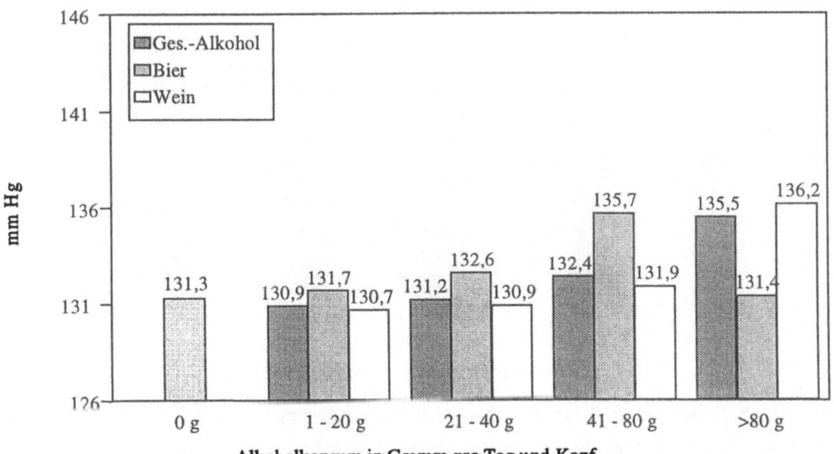

Abb. 27. Syst. Blutdruck und Alkoholkonsum. Nationale Gesundheits-Surveys 1985, 1988 und 1991. Frauen, 25 bis 69 Jahre. Adjustiert für Alter, Rauchen, soziale Schicht.

5.3 Alkoholkonsum und Body Mass Index (BMI)

Das Körpergewicht ist ein integrierender Indikator sowohl für die Energieaufnahme mit der Nahrung als auch für den Energieverbrauch, u.a. durch körperliche Aktivität. Die Alkoholaufnahme in unserer Bevölkerung trägt beachtlich zur insgesamt aufgenommenen Kalorienzahl bei. Aus Untersuchungen über die kalorische Verwertung des Alkohols geht aber hervor, daß Alkoholkonsum keineswegs nur eine Erhöhung der Kalorienzahl mit sich bringt, sondern in Wechselwirkung mit der übrigen Nahrungsaufnahme steht [33]. Bisher wurden widersprüchliche Zusammenhänge zwischen Alkoholaufnahme und Körpergewicht in verschiedenen Studien gefunden [34,35]. Die differierenden Ergebnisse werden damit erklärt, daß für Störvariable wie soziale Schicht und Rauchen nicht ausreichend kontrolliert wurde. In unserer Auswertung wurde für diese Variablen adjustiert, was die Ergebnisse zuverlässig macht.

Für unsere männliche Bevölkerung ist festzustellen, daß der Body Mass Index (BMI) für die Gruppen mit 1-20g, mit 21-40g und mit 41-80 g täglich getrunkener Alkoholmenge sich nicht wesentlich unterscheidet vom BMI der Abstinenten [Abb. 28]. Übergewichtige Männer sind in diesen vier Gruppen nahezu gleich häufig zu finden.

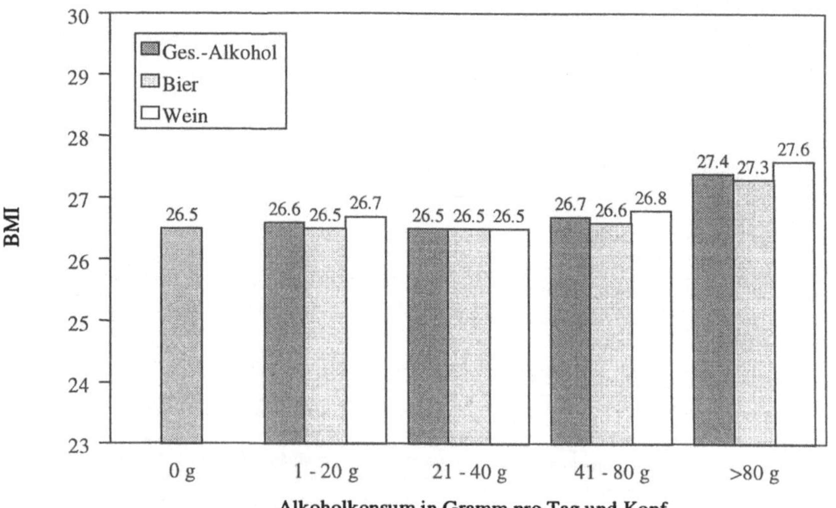

Abb. 28. Alkoholkonsum und Body Mass Index. Nationale Gesundheits-Surveys 1985, 1988 und 1991. Männer, 25 bis 69 Jahre. Standardisiert für Alter, Rauchen, soziale Schicht.

Als „übergewichtig„ werden in der Regel Personen mit BMI-Werten von 25-30 definiert, BMI-Werte über 30 zeigen starkes Übergewicht an. [36]. Erst oberhalb von 80g täglichem Alkoholkonsum nimmt der BMI stärker zu.

Erwähnenswert ist, daß die in Form von Bier getrunkenen Alkoholmengen durchweg geringer auf den BMI durchschlagen als die aus dem Weingenuß stammenden Kalorien. Die Unterschiede bei den BMI-Mittelwerten sind zwar klein, sie sind aber in allen Fällen statistisch gesichert. Die repräsentativen Daten für deutsche Männer zu Alkohol und Übergewicht lassen also keineswegs das Phänomen „Bierbauch„ erkennen, sondern eher das Gegenteil.

Für Frauen sieht der Zusammenhang zwischen BMI und Alkoholaufnahme noch vorteilhafter aus als für Männer [Abb. 29]. Frauen ohne Alkoholkonsum haben die höchsten BMI-Werte, wobei Unterschiede zwischen Biertrinkerinnen und Weintrinkerinnen in den Gruppen mit mehr als 40 g täglicher Alkoholaufnahme uneinheitlich sind. Verwiesen sei dazu noch einmal darauf, daß Frauen mit hohem Bierkonsum selten sind.

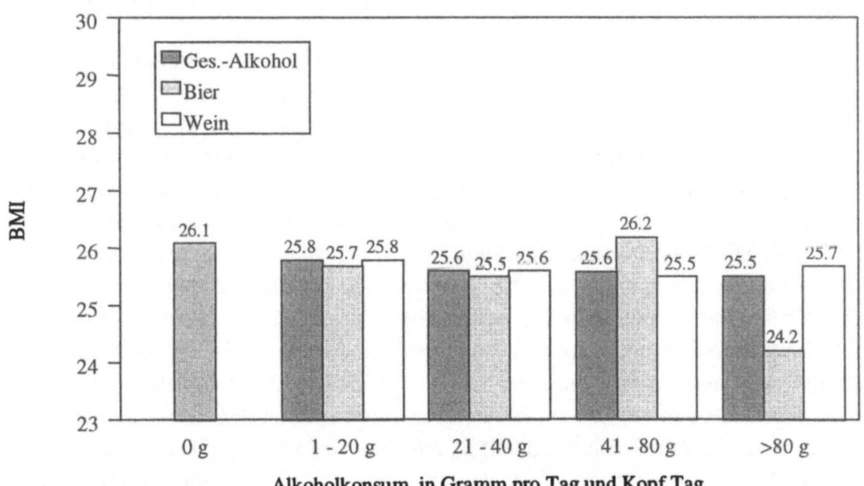

Abb. 29. Alkoholkonsum und Body Mass Index. Nationale Gesundheits-Surveys 1985, 1988 und 1991. Frauen, 25 bis 69 Jahre. Adjustiert für Alter, Rauchen, soziale Schicht.

5.4 Alkoholkonsum und Leberenzyme

Alkoholabusus schädigt besonders die Leber. Es ist deshalb von großer Bedeutung, wie sich der maßvolle Konsum von Alkohol auf die Indikatoren auswirkt, die zur Bewertung von Zustand und Funktion der Leber herangezogen werden. Dazu gehören regelmäßig die lebertypischen Enzyme Gamma-GT (Gamma-Glutamyl-Transpeptidase), SGOT (Serum-Glutamat-Oxalacetat-Transaminase), SGPT (Serum-Glutamat-Pyruvat-Transaminase) und GLDH (Glutamat-Lactat-Dehydrogenase). Die Gamma-GT gilt als besonders empfindlich und früh auf eine Alkoholbelastung der Leber reagierendes Enzym.

Bei Männern reagieren die Serumwerte für das Enzym Gamma-GT in den Gruppen, die einen höheren Alkoholkonsum haben, mit einem kräftigen und statistisch signifikanten Anstieg (Abb. 30). Auch bei den Frauen ist ein Anstieg der Gamma-GT mit steigendem Alkoholkonsum zu erkennen, er fällt aber deutlich geringer aus als bei den Männern (Abb. 31).

Zwischen Männern und Frauen finden sich erstaunliche Unterschiede bei der absoluten Höhe der Enzymwerte in Abhängigkeit von den getrunkenen Alkoholmengen. Entgegen den Erwartungen haben Frauen bei gleichem Alkoholkonsum erheblich niedrigere Gamma-GT-Werte als Männer. Das gilt allerdings auch für abstinente Frauen gegenüber abstinenten Männern. Der Zusammenhang der Gamma-GT mit Bier- und Weinkonsum zeigt, daß die Enzymaktivität für beide Getränke bei Frauen in ähnlichem Ausmaß ansteigt wie bei Männern. Aber auch in diesem Fall geschieht das bei Frauen auf einem niedrigeren Niveau. Der Anstieg der Gamma-GT verläuft bei Männer steiler und auf einem höherem Niveau als bei Frauen.

Deutliche Unterschiede bei Männern und Frauen zeigt das Reaktionsmuster auch für die Enzyme SGOT, SGPT und GLDH (Abb. 32 und 33). Da die Gruppe der Frauen, die über 80g Alkohol pro Tag konsumieren, sehr klein ist (wie wiederholt angemerkt wurde), kann der Schluß gezogen werden, daß die drei genannten Enzyme bei Frauen, die weniger als 80g Alkohol pro Tag trinken, praktisch nicht eagieren auf den Alkoholkonsum. Bei Männern wirken sich höhere Alkoholmengen auf die SGOT- und SGPT-Werte aus, allerdings ist der Effekt nicht sehr ausgeprägt. Auch für diese beiden Enzyme gilt, daß die Werte für die einzelnen Kategorien des Alkoholkonsums generell bei Männern etwas höher liegen als bei Frauen. Wenn also Frauen empfindlicher auf Alkohol ansprechen, wie das allgemein angenommen wird, so drückt sich das jedenfalls nicht bei den lebertypischen Enzymen aus.

Die Variation der vorstehend bewerteten Lipidwerte und Leberenzymwerte ist nicht nur vom Alkoholkonsum abhängig, sondern von weiteren Variablen, wie Geschlecht, Alter, Körpergröße, Raucherstatus, und sozialer Schicht. Welchen Einfluß diese Kovariablen auf die Lipidwerte und Leberenzymaktivitäten haben, ist in der Tabelle 4 aufgeführt. Der Regressionskoeffizient gibt an, wieweit sich die Variation der standardisiert dargestellten Variablen unterscheidet bei Berücksichtigung der Kovariablen. Der T-Wert zeigt die Höhe der Signifikanz an. Ein vorgesetztes Minuszeichen bedeutet, daß ein reziproker Einfluß vorliegt.

Im Zusammenhang mit dem Alkoholkonsum haben die Variablen „Geschlecht„ und „Alter„ einen statistisch signifikanten Einfluß auf alle hier getesteten Zielva riablen. Mit Ausnahme des Gesamtcholesterin/HDL Quotienten sowie der Enzyme SGOT und SGPT, trifft dies auch auf die Körpergröße zu. Die Kovariable „Raucher„ beeinflußt fast alle Zielvariablen bis auf die Leberenzyme SGOT und SGPT. Die Zielvariablen Cholesterin, SGPT und GLDH werden von der Kovariablen soziale Schicht nicht beeinflußt.

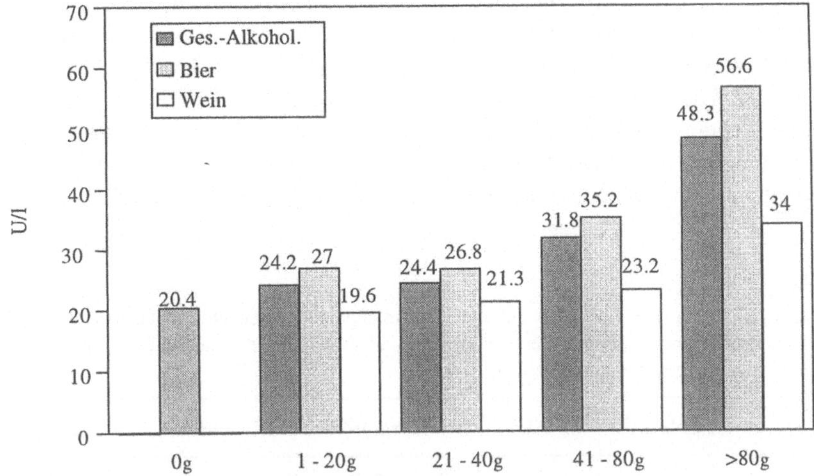

Abb. 30. Alkoholkonsum und Gamma GT. Nationale Gesundheits-Surveys 1985, 1988 und 1991. Männer, 25 bis 69 Jahre. Adjustiert für Alter, Rauchen, soziale Schicht.

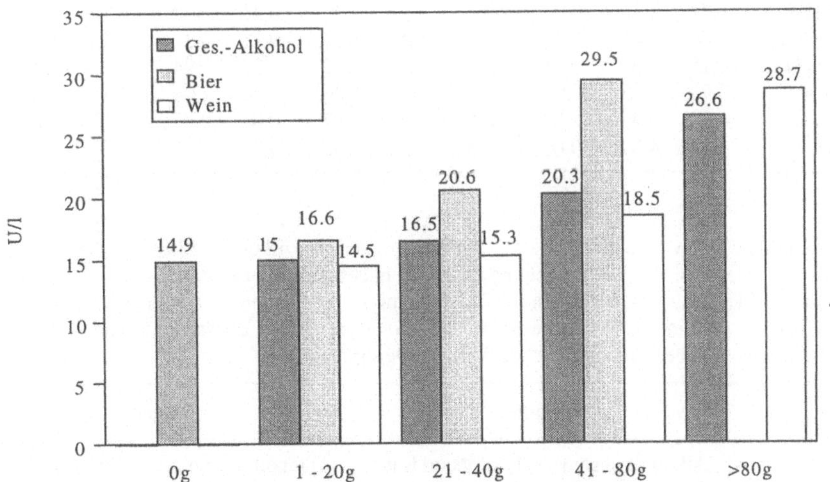

Abb. 31. Alkoholkonsum und Gamma GT. Nationale Gesundheits-Surveys 1985, 1988 und 1991. Frauen, 25 bis 69 Jahre. Adjustiert für Alter, Rauchen, soziale Schicht.

Die Gamma-GT ist das Leberenzym, welches auf Alkoholkonsum am empfindlichsten reagiert. Wie in den vorhergehenden Darstellungen gezeigt werden konnte, ist der Einfluß des Alkoholkonsums auf dies Enzyms keineswegs linear. Um festzustellen, wieweit der Anstieg des Enzyms von einem steigenden Alkoholkonsum abhängt, wurde mit Hilfe einer Modellberechnung versucht, den Alkoholkonsum im Gramm pro Tag zu berechnen, bei dem es zu einem deutlichen Anstieg der Gamma-GT kommt. Das Modell geht davon aus, daß bis zum Umschlagpunkt die Gamma-GT-Werte gleich bleiben. Die Ergebnisse dieser Berechnungen gibt Tabelle 5 wieder. Die Berechnung führt lediglich bei den Männern zu einem statistisch signifikanten Ergebnis. Ab einem Alkoholkonsum von 26g pro Tag steigt bei Betrachtung des gesamten Alkoholkonsums die Gamma-GT an. Bei Männern, die vorwiegend Bier konsumieren, verschiebt sich der Wert auf 42g Alkohol pro Tag.

Tabelle 4. Einfluß der Co-Variablen auf den Zusammenhang zwischen Alkoholkonsum und Serumlipiden bzw. Leberenzymen. Getestet wurden: 1Männer gegen Frauen; 2Raucher gegen Nie-Raucher; 3Unter- gegen Oberschicht

	Geschlecht[1]		Alter		Köpergröße		Raucher[2]		Soz.Schicht[3]	
	Regr.- Koeff.	T-Wert	Regr.- Koeff.	T-Wert	Regr.- Koeff.	T-Wert	Regr.- Koeff.	T-Wert	Regr.- Koeff.	T-Wert
Cholesterin	0,07	2,56	0,04	46,55	0,97	6,50	0,14	6,06	0,01	0,61
HDL-Chol.	0,40	40,05	0,002	6,94	0,17	3,17	-0,08	-9,44	0,08	7,17
LDL-Chol.	0,46	16,04	0,04	46,54	0,77	4,94	0,21	8,71	0,09	2,89
LDL/HDLC	1,22	32,70	0,03	31,12	0,18	0,90	0,41	13,45	0,21	5,37
Triglyceride	0,66	24,61	0,02	23,02	0,56	3,84	0,17	7,81	0,14	4,99
Gamma GT	11,18	12,61	0,21	8,11	27,26	5,65	4,37	5,94	2,34	2,42
SGOT	3,73	7,53	0,05	3,56	4,91	1,86	0,42	1,04	1,11	2,05
SGPT	6,14	8,45	0,07	3,34	1,43	0,37	0,04	0,07	0,02	0,02
GLDH	1,14	4,07	0,02	2,93	3,53	2,36	0,47	2,10	0,03	0,09

Tabelle 5. Schwellenwert der Gamma-GT in Abhängigkeit von Alkohol-, Bier- und Weinmenge. Das Modell setzt eine positive Beziehung zwischen höherem Alkoholkonsum und Serumwerten der Gamma-GT voraus und berechnet den Schwellenwert, bei dem die Enzymaktivität in Abhängigkeit von der Gesamtalkoholmenge sowie der Alkoholmenge bei Biertrinkern oder bei Weintrinkern anzusteigen beginnt. *Kritischer Wert für Signifikanz: 4,6

	Männer		Frauen	
	Alkoholkonsum g/Tag	Likelihood Ratio Test*	Alkoholkonsum g/Tag	Likelihood Ratio Test*
Gesamtmenge				
Alkohol	26,3	8,9	5,0	0,0
Bier	41,6	22,2	7,8	0,0
Wein	50,8	1,2	14,7	0,0

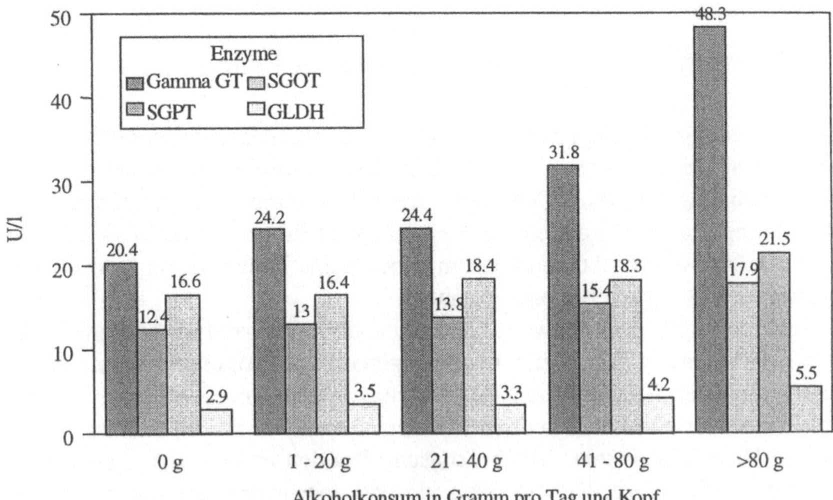

Abb. 32. Alkoholkonsum und Leberenzyme. Nationale Gesundheits-Surveys 1985, 1988 und 1991. Männer, 25 bis 69 Jahre. Adjustiert für Alter, Rauchen, soziale Schicht.

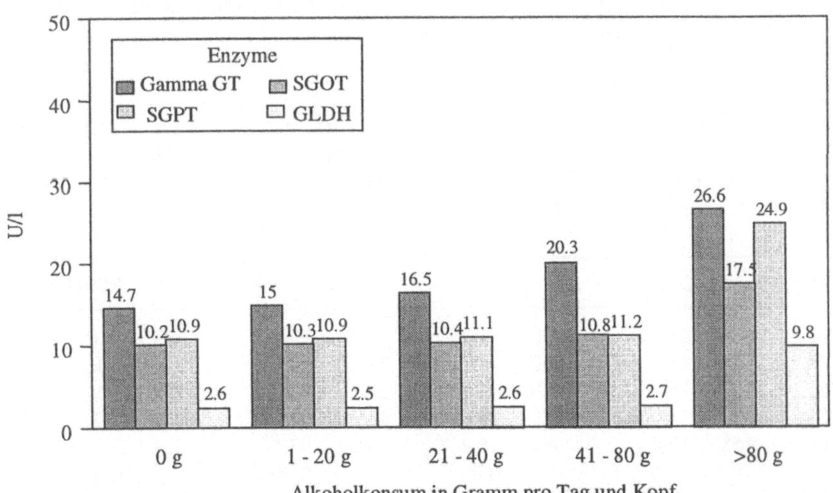

Abb. 33. Alkoholkonsum und Leberenzyme. Nationale Gesundheits-Surveys 1985, 1988 und 1991. Frauen, 25 bis 69 Jahre. Adjustiert für Alter, Rauchen, soziale Schicht.

5.5 Alkoholkonsum und hämatologische Messgrößen

Das Blutbild reagiert als empfindlicher Indikator auf viele Krankheitszustände mit Veränderungen. Unter anderem führt die chronische Einwirkung toxischer Stoffe zu einer Schädigung der Blutbildung, was sich z.B. in Form niedrigerer Hämoglobinwerte, geringerer Zahl und kleinerer Volumina von Erythrozythen auswirkt. Die Einflüsse von maßvollem Alkoholkonsum geben keine Hinweise auf solche toxischen Prozesse, sie zeigen eher das Gegenteil.

Die Veränderungen der Meßwerte für Hämoglobin, Hämatokrit, mittleres Zellvolumen (MCV) sowie Transferrin in Abhängigkeit vom Alkoholkonsum sind in Tabelle 6 aufgelistet. Bei der hohen Zellbesetzung in den einzelnen Kategorien des Alkoholkonsums ergeben sich bei den Männern für alle vier Variablen statistisch signifikante Unterschiede zum Alkoholkonsum. Bei den Frauen trifft dies nur für Hämoglobin und MCV zu. Die Unterschiede sind aber gering, sie sind deutlicher ausgeprägt bei den Männern. In Abhängigkeit vom Alkoholkonsum kommt es bei den Männern zu einem geringfügigen Anstieg des Hämoglobins, des MCV und der Transferrin-Konzentration im Serum. Höhere durchschnittliche Werte für diese Parameter sind positiv zu beurteilen. Die gefundenen Beziehungen zwischen Alkoholkonsum und Indikatoren der Blutbildung waren bisher nicht bekannt. Warum der Alkoholkonsum so wirkt, ist offen.

Tabelle 6. Alkoholkonsum und hämatologische Messgrößen. Nationale Gesundheits-Surveys 1985, 1988 und 1991. Adjustiert für Rauchen, sozialen Status, Alter, Körpergröße

Alkoholkonsum Männer	Hb g/l		Hkt %		MCV fl		Transferrin g/l	
	N	Mittelw.	N	Mittelw.	N	Mittelw.	N	Mittelw.
0g	1314	153.7	1290	45.3	1277	89.3	982	3.0
1 - 20g	1467	153.5	1452	45.2	1438	90.9	1013	3.1
21 - 40g	2413	154.0	2373	45.3	2337	91.3	1759	3.1
41 - 80g	1599	154.8	1579	45.6	1551	91.9	1064	3.2
>80g	465	154.4	460	45.4	456	93.1	314	3.3
Signif.p>		0.006		0.03		0.000		0.000
Alkoholkonsum Frauen	**N**	**Mittelw.**	**N**	**Mittelw.**	**N**	**Mittelw.**	**N**	**Mittelw.**
0g	3156	137.3	3121	40.9	3074	89.1	2293	3.2
1 - 20g	1934	138.1	1911	41.0	1880	91.1	1435	3.2
21 - 40g	1536	137.8	1522	40.9	1501	91.1	1063	3.2
41 - 80g	478	138.5	475	41.0	465	91.9	329	3.2
>80g	60	137.7	62	41.1	60	92.5	42	3.3
Signif.p>		0.000		0.871		0.000		0.15

6 Alkoholkonsum, Lebensqualität und subjektive Gesundheit

Die Kapitel 5 und 7 belegen im einzelnen, daß auch für die deutsche Bevölkerung gilt: Menschen mit leichtem oder moderatem Alkoholkonsum stehen im Durchschnitt bei vielen objektiv gemessenen Gesundheitsindikatoren besser da als Abstinente. Sie haben außerdem ein geringeres Sterberisiko als der abstinent lebende Bevölkerungsanteil. Gesundheitliche Vorteile dieser Art entstehen nicht plötzlich, sie müssen langfristig vorhanden sein und sollten sich daher widerspiegeln in der Lebensqualität und den subjektiven Merkmalen von Gesundheit.

Aussagen über die Lebensqualität und den subjektiven Gesundheitszustand wurden bisher nicht näher untersucht, soweit es den Zusammenhang mit maßvollem Alkoholkonsum angeht. Aus den Daten der Nationalen Gesundheits-Surveys lassen sich hierzu aufschlußreiche Erkenntnisse gewinnen, weil dort bestimmte Dimensionen der Lebensqualität und Angaben über den subjektiv empfundenen Gesundheitszustand erhoben wurden. Werden diese Angaben in Beziehung zum Alkoholkonsum gesetzt, ergeben sich interessante Korrelationen:

Von den Probanden der Nationalen Gesundheits-Surveys wurden u.a. Aussagen darüber gemacht, wie zufrieden sie insgesamt mit ihrem Leben sind. Auf einer siebenteiligen Skala konnte eine Position zwischen „sehr unzufrieden„ bis „sehr zufrieden„ angekreuzt werden. Aus den Abbildungen 34 und 35 ist abzulesen, daß der Grad an Zufriedenheit unter den leichten, moderaten und selbst unter den starken Alkoholkonsumenten größer ist als unter den Abstinenten. Erst bei einem Konsum von mehr als 80g Alkohol täglich fällt dieser Kennwert bei Männern unter den entsprechenden Wert der Abstinenten. Frauen mit einem so hohen Alkoholkonsum sind selten und konnten daher nicht gesondert betrachtet werden. Die Unterschiede zwischen den Kategorien sind klein, aber statistisch signifikant.

In Abbildung 36 sind die Angaben der Biertrinker zur Zufriedenheit mit dem Leben insgesamt dargestellt. Dabei wurde nach sozialen Schichten getrennt, nicht aber nach Geschlechtern. Wiederum zeigen alle Kategorien von leichten bis starken Bierkonsumenten (hier geordnet nach Biermengen) höhere prozentuale Anteile als Abstinente, nur die sehr starken Biertrinker sind noch unzufriedener mit ihrer Gesundheit als die Nichttrinker. Die Beziehung ist unabhängig vom sozialen Status, wie die Gleichförmigkeit der Kurven in den drei Schichten zeigt.

Ähnliche Zusammenhänge mit Alkoholkonsum werden sichtbar, wenn nach der Zufriedenheit mit anderen Lebensbereichen gefragt wird. Sowohl die Biertrinker als auch die Weintrinker sind jeweils zufriedener mit ihrem sozialen Umfeld (mit der familiären Situation, mit den Beziehungen zu Freunden, Nachbarn und Bekannten, mit ihrer Freizeit) als Abstinente (mit Ausnahme derer, die mehr als 80g Alkohol/Tag oder mehr als 2 Liter Bier/Tag trinken). Verlauf und Ausmaß dieser Beziehungen werden hier nicht im einzelnen dargestellt.

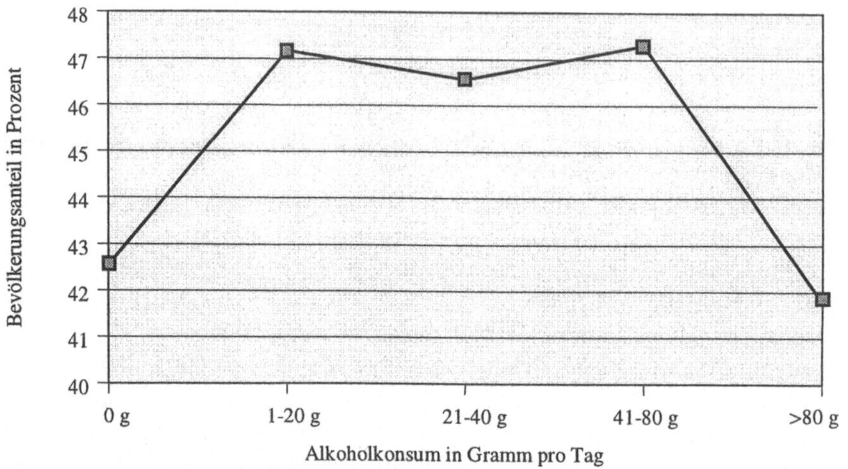

Abb. 34. Zufriedenheit mit dem Leben und Alkoholkonsum. Nationale Gesundheits-Surveys1985, 1988 und 1991. Männer, 25 bis 69 Jahre. Korrigiert für Alter, Rauchen, soziale Schicht.

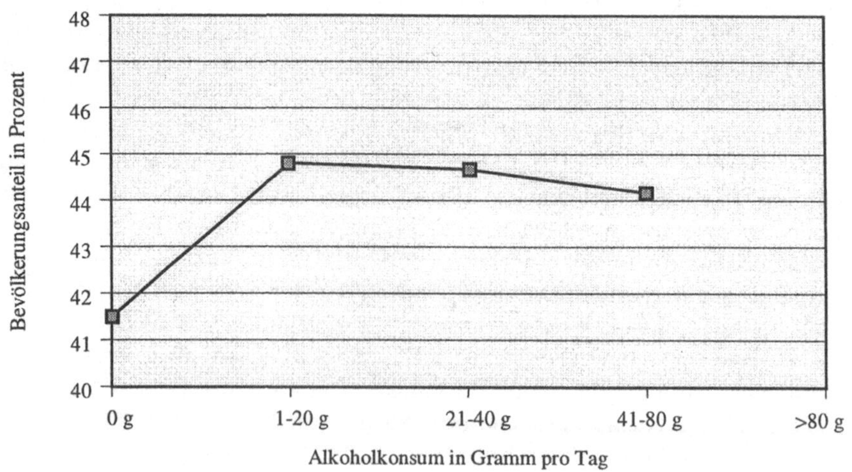

Abb. 35. Zufriedenheit mit dem Leben und Alkoholkonsum. Nationale Gesundheits-Surveys 1985, 1988 und 1991. Frauen, 25 bis 69 Jahre. Adjustiert für Alter, Rauchen, soziale Schicht.

Man darf schon annehmen, daß größere Zufriedenheit mit dem Leben insgesamt und vielen einzelnen Lebensbereichen in der Regel Ausdruck eines erfolgreich gemeisterten privaten und beruflichen Lebens ist. Zufriedenheit im familiären Bereich und im Berufsleben, viele Freunde und intensive Teilnahme am sozialen Leben korrelieren in unserer Bevölkerung also positiv mit dem Alkoholkonsum, soweit es sich nicht um sehr starkes Trinken handelt. Als einsamer und weniger zufrieden mit dem Leben beschreiben sich die Nichttrinker, aber auch die Vieltrinker. Moderater Alkoholgenuß steigert offenbar die Lebensqualität. Das hierzulande weit verbreitete gesellige Trinken ist aber sicher nicht nur eine Folge der Zufriedenheit, sondern auch eine ihrer Ursachen.

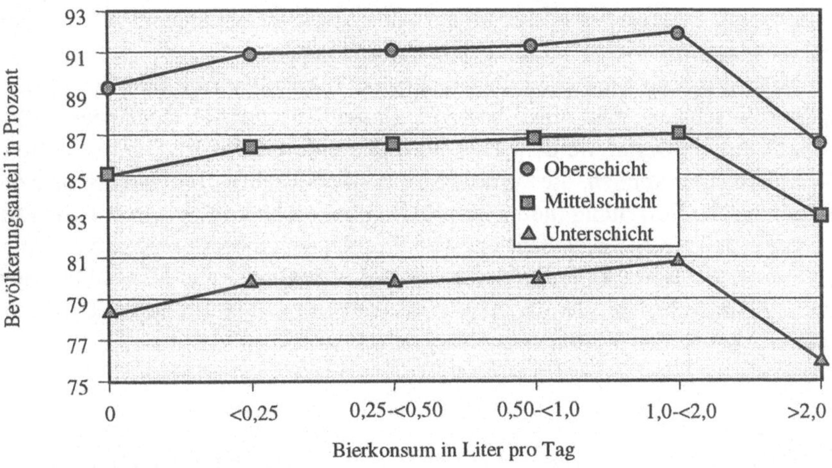

Abb. 36. Zufriedenheit mit dem Leben und Bierkonsum. Nationale Gesundheits-Surveys 1985, 1988 und 1991. Männer und Frauen, 25 bis 69 Jahre. Adjustiert für Alter, Rauchen, soziale Schicht.

In den Gesundheits-Surveys wurde in einer gesonderten Skala danach gefragt, wie die eigene Gesundheit eingeschätzt wird. Diese subjektiven Angaben zum eigenen Gesundheitszustand zeigen ein aufschlußreiches Muster in Bezug auf den Alkoholkonsum (Abb.37). Die Zahl derer, die ihren Gesundheitszustand als sehr gut oder gut bezeichnen, ist erheblich höher unter den moderaten Alkoholtrinkern als unter den Abstinenten. Die subjektive Gesundheit in Abhängigkeit vom Alkoholkonsum folgt also einer Kurve, die besonders günstige Werte zwischen 20 und 80g durchschnittlicher täglicher Alkoholaufnahme aufweist. Noch ausgeprägter hängt die Angabe „meine Gesundheit ist schlecht„ mit dem Alkoholkonsum zusammen (Abb.38). Der Teil der Bevölkerung, der seine Gesundheit als schlecht einschätzt, ist allerdings klein.

Es wäre denkbar, daß unter den Nichttrinkern vermehrt Personen zu finden sind, die aufgrund vorhandener Krankheiten keinen Alkohol (mehr) trinken. Die hier vorgestellten Ergebnisse der Auswertungen zu subjektiven Dimensionen von Gesundheit sprechen dagegen. In internationalen Kohortenstudien ist außerdem wiederholt geprüft worden, ob die ungünstigeren Gesundheitsbefunde der Abstinenten im Vergleich mit maßvollen Alkoholkonsumenten auf eine Anhäufung von kranken Personen in dieser Gruppe zurückgeführt werden können. Mögliche Selektionen dieser Art sind aber zu gering, als daß sie insbesondere die erheblich geringere Mortalität an kardiovaskulären und anderen häufigen Krankheiten erklären könnte. Dies Ergebnis erbrachten u.a. entsprechende Auswertungen einer britischen Kohortenstudie [37]. Wir konnten das auf unabhängigem Wege bestätigen. In Kapitel 7 wird dies wichtige Ergebnis beschrieben. Es ist deshalb unwahrscheinlich, daß entsprechende Selektionen die Angaben zur eigenen Gesundheit und zur Lebenszufriedenheit wesentlich beeinflußt haben.

Der Nachweis, daß Menschen mit moderatem Alkoholkonsum ihre Lebensqualität höher einschätzen und einen besseren Gesundheitszustand empfinden, sollte zwar nicht unterbewertet werden. Hier wird das gute Gefühl bestätigt, das Bier- und Weinliebhaber kennen, die vernünftig mit alkoholischen Getränken umgehen. Die medizinische Forschung muß aber prüfen, ob die objektiv gemessene, langfristige Entwicklung von Gesundheit und von Krankheiten diesem subjektiven Empfinden entspricht. Harte Kriterien dafür sind die Mortalitäts- und Morbiditätsraten der Alkoholkonsumenten, die darauf geprüft werden müssen, ob sie in der Bilanz gegenüber Abstinenten Vorteile oder Nachteile ausweisen.

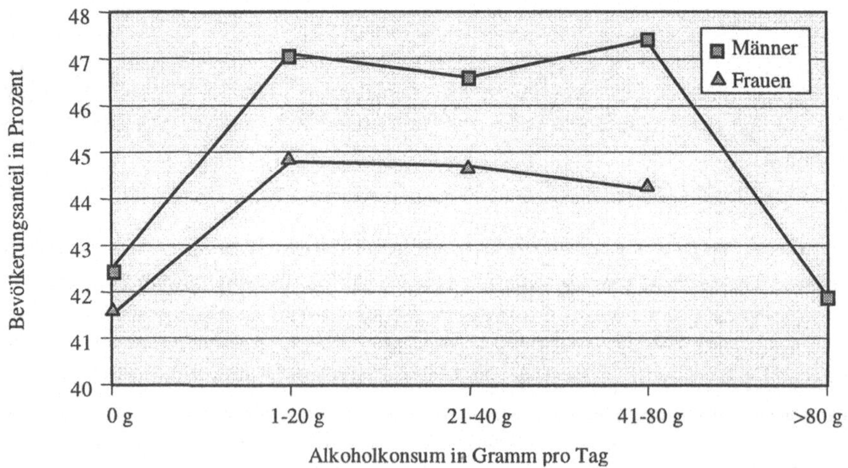

Abb. 37. Einschätzung der eigenen Gesundheit als „sehr gut oder gut" und Alkoholkonsum. Nationale Gesundheits-Surveys 1985, 1988 und 1991. Männer und Frauen, 25 bis 69 Jahre. Adjustiert für Alter, Rauchen, soziale Schicht.

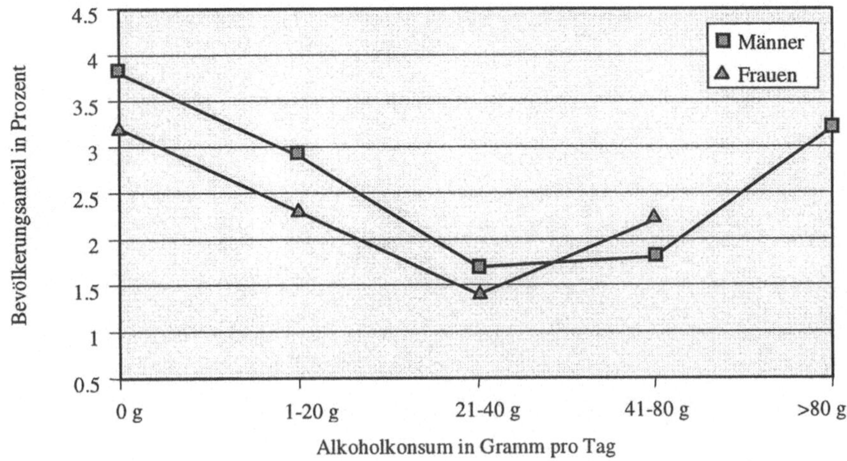

Abb. 38. Einschätzung der eigenen Gesundheit als „schlecht“ und Alkoholkonsum. Nationale Gesundheits-Surveys 1985, 1988 und 1991. Männer und Frauen, 25 bis 69 Jahre. Korrigiert für Alter, Rauchen, soziale Schicht.

7 Alkoholkonsum, Mortalität und Morbidität

In nahezu allen epidemiologischen Untersuchungen über Gesundheitseinflüsse von Alkohol wurde festgestellt, daß Menschen mit moderatem Konsum erheblich geringere Mortalitätsraten bei ischämischen Herzkrankheiten, bei anderen Krankheiten des Kreislaufsystems und bei den Sterberaten an allen Todesursachen aufweisen im Vergleich mit Abstinenten. Auch die Morbiditätsraten (Inzidenz) an Herzinfarkt und an ischämischen Herzkrankheiten waren positiv assoziiert mit leichtem, moderatem und selbst stärkerem Alkoholkonsum. Vorteilhafte Effekte von moderatem Alkoholkonsum wurden auch für andere Krankheiten beobachtet, z.B. für infektiöse Krankheiten [38,39] und psychische Krankheiten [40], die beide ebenfalls zu den weit verbreiteten Krankheiten zählen.

Es ist auf der anderen Seite bekannt, daß Unfälle bei jungen Menschen besonders häufig auftreten, wobei starker und selbst moderater Alkoholgebrauch oft eine Ursache oder Mitursache dafür sind. Akute Ereignisse dieser Art gehen aber nicht in erster Linie auf die Eigenschaften der Substanz Alkohol zurück, sondern sind auch im Verhalten besonders der jungen Männer begründet. Bei einer Bilanz von positiven und negativen Auswirkungen des maßvollen Alkoholkonsums muß auch berücksichtigt werden, daß die Zahl der Unfälle mit Alkoholbeteiligung klein ist im Vergleich zu den von Alkoholkonsum profitierenden Herz-Kreislauf-Krankheiten.

Anders ist die Situation für chronische Krankheiten der Leber und anderer Verdauungsorgane zu werten. Bei starkem und sehr starkem Alkoholkonsum treten sie ohne Zweifel häufiger auf als bei Abstinenz oder maßvollem Alkoholkonsum. Auch für eine Reihe von Krebskrankheiten wurde eindeutig ein Zusammenhang mit dem Alkoholkonsum nachgewiesen, z. B. für Krebs des Mund- und Rachenraumes (besonders bei Rauchern) [41] und des Pankreas. Korrelationen zwischen Alkohoholaufnahme und Brustkrebs wurden ebenfalls in mehreren Studien gefunden, in anderen aber nicht [42]. Überhaupt gibt es bei den Studien zu Zusammenhängen zwischen Alkoholkonsum und bestimmten Krebskrankheiten methodische Schwierigkeiten, die schwer überwunden werden können [43]. So sind viele Ergebnisse davon geprägt, daß Konfounder nicht ausreichend berücksichtigt wurden. In einer neueren Kohortenstudie konnte z.B. gezeigt werden, daß bei Adjustierung für Variable des sozioökonmischen Status kein negativer Einfluß des Alkoholkonsums auf die Häufigkeit von Krebs des oberen Verdauungstrakts nachweisbar war, sondern eher das Gegenteil zu erkennen war [44].

7.1 Validität und Plausibilität von alkoholbedingtenEffekten durch maßvollen Alkoholkonsum.

Da die beobachteten positiven Einflüsse einer maßvollen Alkoholaufnahme die besonders häufigen Herzkreislaufkrankheiten und sogar die Gesamtmortalität betreffen, ist es unbedingt nötig, die gefundenen Effekte methodisch in jeder Hinsicht zu prüfen und abzusichern. Würden sie sich endgültig als real vorhanden erweisen, müßte das stärker als bisher in die Gesundheitspolitik einbezogen werden. Die Bestätigung des günstigen Einflusses ist weltweit unter ganz unterschiedlichen Bedingungen inzwischen zwar immer wieder gelungen. Dennoch weisen Kritiker auf offene methodische Probleme in den bisherigen Studien hin, u. a. durch Selektionen in den verglichenen Bevölkerungsgruppen. Auch in unseren Auswertungen zur Mortalität (siehe 7.4) haben sich Hinweise auf mögliche Selektionen unter den Abstinenten ergeben, deren Einfluß berücksichtigt wurde. Der Stand der methodischen Diskussionen wird nachfolgend beschrieben.

In mehr als 30 Langzeitstudien und einer größeren Zahl von Fall-Kontrollstudien wurden weitgehend übereinstimmende Ergebnisse gefunden. Das stark verminderte Sterberisiko von leichten und moderaten Alkoholkonsumenten gegenüber Nichttrinkern blieb in diesen Studien jeweils bestehen, wenn für viele mögliche Störvariablen kontrolliert wurde. So wurden besonders Einflüsse ausgeschlossen, die auf mehr kranke Personen oder solche mit früher starkem Alkoholkonsum unter den Abstinenten zurückgehen könnten. Diese Studien haben die vielen Beobachtungen aus ökologischen Studien [45], in denen mögliche andere Einflüsse auf die Mortalität und Morbidität nur schwer zu kontrollieren sind, bestätigt. Im übrigen wurden qualitative Unterschiede in der protektiven Wirkung zwischen Wein, Bier und anderen Alkoholika zugunsten des Weines nur in ökologischen Studien gefunden. Sie wurden in Kohorten- und Fall-Kontroll-Studien nicht nachgewiesen [46].

Weitere Evidenz für die protektive Wirkung des maßvollen Alkoholgenusses ergibt sich daraus, daß gleiche Effekte weltweit in vielen Populationen mit ansonsten durchaus unterschiedlichen Lebensgewohnheiten gefunden wurden. Dabei hat sich herausgestellt, daß die Art der alkoholischen Getränke keine Rolle spielt. Die schützenden Eigenschaften gehen vom Alkohol aus. Art und Menge verschiedener weiterer Inhaltsstoffe in alkoholischen Getränken, z.B. Antioxidantien, sind von untergeordneter oder keiner Bedeutung für die gefundenen Einflüsse [45,46]. Es ist anzumerken, daß verschiedene Antioxidantien und Polyphenole sowohl in Bier als auch in Wein vorkommen. Die Mengen sind unterschiedlich, in jedem Fall aber gering im Vergleich zur Aufnahme aus der Nahrung.

Bisher erlauben die Erhebungsmethoden, mit denen Art und Menge der verschiedenen alkoholischen Getränke ermittelt werden, sowie die Varianzen bei den gemessenen Einflüssen auf Mortalität und Morbidität allerdings keine genügend zuverlässigen Aussagen über getränkespezifische Wirkungen. Es ist aber zu vermuten, daß Bier wegen seines niedrigen Alkoholgehaltes im Vergleich zu Wein und hochprozentigen Alkoholika die Schleimhäute des Gastrointestinaltraktes am wenigsten schädigt und deshalb im Hinblick auf das Krebsrisiko bei diesen Organen am günstigsten abschneidet [vergl. 41].

Zusätzliche Sicherheit dafür, daß die günstigen Einflüsse moderater Alkoholmengen auf Herz und Kreislauf real sind und nicht auf unerkannten Störgrößen (Bias, Konfounder) beruhen, gibt die biologische Plausibilität der Ergebnisse. Die bei Alkoholkonsumenten gegenüber Abstinenten erhöhten Blutspiegel an HDL-Cholesterin erklären einen Teil der protektiven Wirkung von Alkohol. Etwa 50% der Mortalitätsreduktion ist dem Anstieg des HDL-Cholesterins zuzuschreiben, wie multivariate Auswertungen ergeben haben [30]. Tierexperimentelle und klinische Studien haben gezeigt, daß hohe HDL-Cholesterinspiegel atherosklerotische Prozesse zurückdrängen. Allerdings wurden meßbare Effekte auf den Gefäßzustand in angiographischen Studien erst bei sehr hohem und regelmäßigem Alkoholkonsum gefunden, der erheblich über den für die Reduktion der Gesamtmortalität optimalen Alkoholmenge liegt [45].

Die biologische Plausibilität der kardioprotektiven Wirkung von leichtem bzw. moderatem Alkoholkonsum (zwischen 1g und 40g pro Tag) wird besonders auch der Beeinflussung der Gerinnung durch Alkohol zugeschrieben. Die Hemmung der Thrombozytenaggregation ist dabei offenbar ein wichtiger Vorgang, für den geringe aber regelmäßig aufgenommene Alkoholmengen sorgen. Darüber hinaus wird auch der humorale Teil der Gerinnung bei maßvollem Alkoholkonsum gehemmt, z.B. durch eine Verringerung der Fibrinogenspiegel im Blut [29].

Die in diesem Bericht erstmalig beschriebene leichte Erhöhung der durchschnittlichen Hämoglobinwerte und der mittleren Zellvolumina von Erythrozyten bei moderatem Alkoholkonsum (siehe Kapitel 5) zeigen eine bessere Sauerstoffversorgung des Herzkreislaufsystems an und dürften damit ebenfalls kardioprotektiv wirken.

7.2
Fall-Kontroll-Studien zur koronaren Herzkrankheit

Seit Mitte der 70er Jahre wurden etwa 20 Fall-Kontroll-Studien zu Alkoholkonsum und koronare Herzkrankheit durchgeführt, in denen eine erhebliche Verminderung der Mortalitätsraten an Herzinfarkt und anderen Koronarereignissen oder der nichtfatalen Reinfarkt-Raten bei Alkoholkonsumenten gegenüber Nichttrinkern nachgewiesen wurde. Die relativen Risiken für das Auftreten eines tödlichen oder nichttödlichen Ereignisses unter den Alkoholkonsumenten im Vergleich zu Abstinenten bewegen sich zwischen o,2 und o,7 je nach konsumierten Alkoholmengen.

Die Ergebnisse der Fall-Kontroll-Studien waren weitgehend unabhängig vom Design der Studien. Sowohl bei Kontrollpopulationen aus anderen klinischen Bereichen als auch aus der allgemeinen Bevölkerung ergaben sich vergleichbare relative Risiken. Auch unterschiedliche Methoden bei der Messung des Alkoholkonsums (Erhebung der getrunkenen Mengen oder der Häufigkeit des Konsums) oder der Krankheitsereignisse (fatal, nichtfatal, früherer Herzinfarkt) führten jeweils zu ähnlichen Ergebnissen und zeigen die Belastbarkeit der Ergebnisse zur kardioprotektiven Wirkung von Alkoholkonsum. Nur eine der frühen Fall-Kontroll-Studien an jüngeren Patienten kommt zu einem anderen Ergebnis als vorstehend beschrieben. Zusammenstellungen über die Ergebnisse der wichtigsten Fall-Kontroll-Studien sind bei Renaud et al 1993 [45] sowie bei Rimm et al 1996 [46] nachzulesen.

Eine kürzlich publizierte, methodisch überzeugende Fall-Kontroll-Studie, in der die unterschiedlichen Trinkgewohnheiten nach Alkoholmenge und Häufigkeit des Konsums gesondert berücksichtigt wurden, führte zu einer erneuten und besonders klaren Bestätigung der protektiven Effekte von Alkohol hinsichtlich der koronaren Herzkrankheit [47]. Sowohl für Männer als auch für Frauen ergaben sich die niedrigsten Werte für fatale (tödliche) und nicht fatale Myokardinfarkte sowie für den Tod an koronarer Herzkrankheit unter den Patienten, die an drei bis sechs Tagen in der Woche zwischen ein bis vier Drinks (entsprechend 10-40g Alkohol) zu sich nahmen. Sowohl selteneres Trinken als auch größere Alkoholmengen pro Tag erhöhten das Risiko jeweils kontinuierlich.

7.3
Internationale Kohortenstudien zur Mortalität

In vielen Langzeituntersuchungen an Populationen aus den USA, mehreren europäischen Ländern, Japan und weiteren Ländern wurde seit Mitte der 70er Jahre Zusammenhänge zwischen den getrunkenen Alkoholmengen und der kardiovaskulären, und, was von großer Bedeutung ist, auch der Mortalität an allen Todesursachen gefunden. Es handelt sich bei den Kohortenuntersuchungen nicht um spezifische Studien zum Einfluß des Alkohols. Vielmehr wurden inzwischen alle Datensätze der großen prospektiven Studien unter dem Aspekt Alkoholwirkungen ausgewertet. Das gilt für die schon klassische Framingham-Studie ebenso wie für die 7-Länder-Studie, die Western Electric Company Study, die British Doctors Study, die Almeda County Study, die Lipid Research Clinics Study, die Kaiser Permanente Study, die Nurses Health Study, die Malmö Studie und viele andere bekannte Langzeit-Studien. Zusammenfassende Darstellungen über die alkoholbezogenen Auswertungen dieser Studien finden sich an mehreren Stellen [29,45,46]. Besondere Erwähnung verdient die größte Untersuchung dieser Art, die Studie der American Cancer Society mit über 270.000 Probanden und mehr als 2 Millionen Beobachtungsjahren [48].

In den Kohortenstudien ergaben sich ähnlich verminderte relative Risiken bei Alkoholkonsumenten im Vergleich mit Abstinenten wie in den Fall-Kontroll-Studien. Die niedrigsten Morbiditäts- und Mortalitätsrisiken für koronare Herzkrankheiten wurden für die Gruppe der leichten Alkoholkonsumenten (1g-20g pro Tag) oder der moderaten Konsumenten (21g-40g pro Tag) gefunden. Aber auch höhere durchschnittliche Alkoholmengen ergaben für diese Gruppe von Krankheiten in der Regel Risikoraten, die noch unter denen der Nichttrinker lagen. In einigen Studien wurden auch weitere Krankheiten des Kreislaufsystems einbezogen, u.a. die Schlaganfälle. Die Ergebnisse entsprechen weitgehend denen für koronare Herzkrankheiten. Das Risiko für Schlaganfälle steigt anders als bei koronarer Herzkrankheit bei starkem oder sehr starkem Alkoholkonsum wieder an und liegt dann über dem Risiko der Nichttrinker [48,49]. Das wird auf den Blutdruckanstieg zurückgeführt, der oberhalb von 40g durchschnittlichem Alkoholkonsum in erheblichem Maße eintritt. Der enge Zusammenhang zwischen Blutdruck und den hämorrhagisch bedingten Schlaganfällen ist seit langem bekannt. Diese Form der Schlaganfälle macht aber nur etwa 10% aller Schlaganfälle aus.

Aus methodischen Gründen ist es schwierig, zuverlässige Risikoraten der starken und sehr starken Alkoholkonsumenten zu bestimmen. Unter anderem ist die Zahl solcher Konsumenten klein im Vergleich zu den Abstinenten und den leichten und moderaten Trinkern. Außerdem sind die Selbstangaben über die Konsumgewohnheiten für hohe Alkoholmengen unsicher. Dennoch ergibt sich in der Regel ein U-förmiger Verlauf der Risikokurven, ausgehend von Abstinenten über leichte, moderate, starke und sehr starke Alkoholtrinker.

Entscheidend für die Beurteilung einer protektiven Wirkung von Alkohol ist dessen Einfluß auf die Gesamtmortalität, weil hier nicht nur die günstigen Effekte auf das kardiovaskuläre System, sondern auch die möglichen nachteiligen Wirkungen auf andere Organe sowie das Selbstmord- und Unfallgeschehen einbezogen sind. Anders als bei der kardiovaskulären Mortalität zeigt die Gesamtmortalität denn auch in fast allen Studien, daß durchschnittliche tägliche Alkoholmengen zwischen 1g und 40g zwar zu einer deutlich geringeren Gesamtmortalität gegenüber Abstinenten führt. Ein höherer Alkoholkonsum weist aber je nach untersuchter Altersgruppe, Beobachtungszeit der Kohorte, berücksichtigten Konfoundern und anderen Unterschieden in den Studien Mortalitätsraten auf, die in vielen Studien höher als die Raten bei Abstinenten ausfallen. Für die Gesamtmortalität ergeben sich dann die sogenannten J-Kurven. Die Ergebnisse der wichtigen Langzeitstudien zur Gesamtmortalität sind in den schon angeführten Übersichtsartikeln nachzulesen. Die gemeinsame Auswertung der methodisch zuverlässigen Kohorten-Studien (sogen. Metaanalysen) kommen im übrigen zu den gleichen Aussagen [50,51].

In den bisherigen Studien konnte auch nicht befriedigend geklärt werden, welchen Einfluß unterschiedliche Trinkgewohnheiten auf die Morbidität und Mortalität haben. Die Auswertungen klassieren den Alkoholkonsum fast immer nach durchschnittlich täglich getrunkenen Mengen. Das sind rechnerisch ermittelte Werte, die beim einzelnen Menschen durch ungleiche Trinkgewohnheiten zustande kommen, wie in Kapitel 4 gezeigt wurde. Nur in wenigen Fall-Kontroll- und Kohortenstudien wurde die Häufigkeit des Alkoholkonsums als eigene oder modifizierende Variable in die Auswertungen einbezogen [47].Unterschiedliche Ergebnisse zwischen den Studien bei gleichen durchschnittlichen Alkoholmengen dürften teilweise auf differierende Trinkgewohnheiten in den zugrunde liegenden Studienpopulationen zurückgehen. Daß „binge drinking„ großer Alkoholmengen andere gesundheitliche Folgen hat als moderates, häufigeres Trinken, liegt auf der Hand. Ausgesprochenes binge drinking führte nach den Ergebnissen einer kürzlich veröffentlichen skandinavischen Studie bei rechnerisch moderater durchschnittlicher Alkoholaufnahme zu einer im Vergleich zu Abstinenten höheren Mortalitätsrate [52].

7.4 Alkoholkonsum und Mortalität in deutschen Bevölkerungsgruppen

Für Deutschland fehlen bisher sowohl Fall-Kontroll-Studien als auch größere Kohorten-Studien, in denen der Einfluß von maßvollem Alkoholkonsum, der Trinkgewohnheiten sowie der vorherrschenden alkoholischen Getränke auf Herzkreislaufkrankheiten und auf die Gesamtmortalität untersucht wurde. Eigene Ergebnisse über den Zusammenhang zwischen Alkoholkonsum und Trinkhäufigkeit auf der einen Seite sowie der Mortalität an Herzkreislaufkrankheiten und der Mortalität an allen Todesursachen auf der anderen Seite, die an einer kleineren Bevölkerungsgruppe aus Berlin-Spandau gewonnen wurden, sind nachfolgend dargestellt. Die Zahl der Beobachtungsjahre ist zwar gering. Dennoch entsprechen die gefundenen Einflüsse weitgehend denen aus internationalen Kohortenstudien. Das gleiche gilt für eine weitere kleine Kohortenstudie, die an einer Population der Region Augsburg von Keil unternommen wurde [11].

Wir haben eine Kohortenuntersuchung an einer repräsentativen Bevölkerungsgruppe aus Berlin-Spandau vorgenommen. Es handelt sich um die Probanden der beiden ersten regionalen Surveys, die im Rahmen der Deutschen Herzkreislauf-Präventionsstudie in Berlin-Spandau 1984/1985 und 1988/1989 zufällig ausgewählt, untersucht und befragt wurden. Die Kohorte umfaßt 2254 Männer und Frauen und rund 20.000 Beobachtungsjahre. Zu Beginn der Studie waren die Probanden zwischen 40 und 69 Jahre alt. Insgesamt verstarben 93 Männer und 65 Frauen im Verlauf der Beobachtungszeit (1984 bzw. 1988 bis 1992). Einzelheiten der Kohortenverfolgung sind an anderer Stelle beschrieben [5].

In Abbildung. 39 sowie in Tabelle 7 sind die Sterberisiken an allen Todesursachen für Männer aus dieser Kohorte in Abhängigkeit vom Alkoholkonsum dargestellt. Die relativen Risiken der leichten Alkoholtrinker liegen in einer Größenordnung, wie sie aus internationalen Studien bekannt ist. Das Sterberisiko für die Männer mit 1-20g täglicher Alkoholaufnahme ist halbiert gegenüber den Abstinenten, der Unterschied ist statistisch gesichert (siehe Konfidenzintervalle in Tab.7). Protektive Effekte ergeben sich möglicherweise auch noch für die Gruppen mit 21-40g und 41-80g durchschnittlichem Alkoholkonsum. Die gefundenen Trends deuten darauf hin und entsprechen dem ersten Teil der bekannten J-Kurven für die Beziehung zwischen Alkoholkonsum und Gesamtmortalität. Da die Effekte aber statistisch nicht mehr signifikant sind, was bei der geringen Menge an Beobachtungsjahren zu erwarten war, muß dies an größeren Kohorten in Deutschland noch geprüft werden. Insbesondere gilt für das gefundene Sterberisiko bei mehr als 80g täglicher Alkoholaufnahme, daß die Daten wegen einer viel zu geringen Zahl von Todesfällen wohl nur zufallsbedingt sehr niedrig ausfallen.

Unter den Frauen der Kohorte war die Zahl von Todesfällen während der Beobachtungszeit der Kohorte erwartungsgemäß erheblich geringer als unter den Männern. Daher ergeben sich für die einzelnen Kategorien des Alkoholkonsums keine sinnvoll zu interpretierenden Sterberisiken.

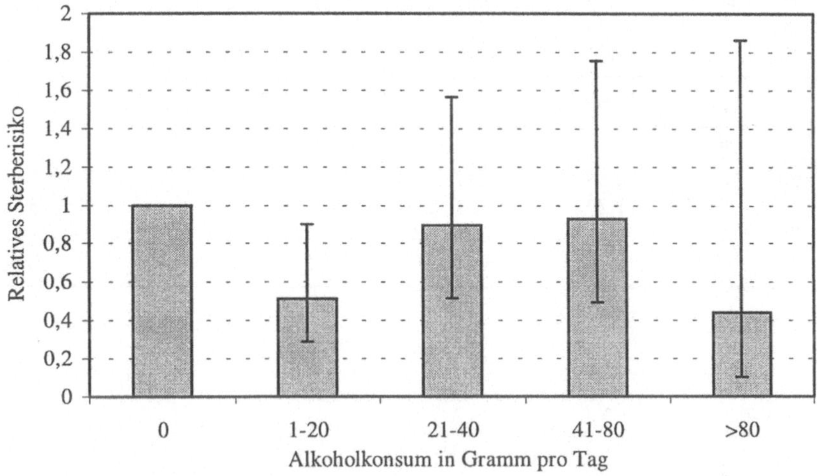

Abb. 39. Alkoholkonsum und Sterberisiko an allen Todesursachen. Gesundheits-Surveys Berlin-Spandau 1985 und 1988. Männer, 40 bis 69 Jahre. Adjustiert für Alter, Rauchen, soziale Schicht.

Noch ausgeprägter als bei der Gesamtmortalität wird die schützende Wirkung des maßvollen Alkoholgenusses bei den Sterberisiken für kardiovaskuläre Krankheiten sichtbar. Gegenüber Nichttrinkern bei den Männern ergibt sich eine erhebliche Reduktion der relativen Risiken in den Gruppen mit mehr oder weniger starkem Alkoholkonsum (Abb.40). Auch in diesem Fall ist aufgrund der geringen Zahl von Sterbefällen nur der Unterschied zwischen den Nichttrinkern und den Männern mit 1-20g täglichem Alkoholkonsum statistisch gesichert, wie die Konfidenzintervalle in Tabelle 8 ausweisen.

Für die Kohorte aus Berlin-Spandau haben wir nicht nur den Zusammenhang der Sterberisiken mit den durchschnittlich getrunkenen Alkoholmengen geprüft. Zusätzlich wurden auch die Angaben zur Häufigkeit des Alkoholkonsums für Korrelationsrechnungen genutzt. In Abbildung 41 ist die Beziehung zwischen der Häu-

Tabelle 7. Sterberaten an allen Todesursachen in Abhängigkeit vom Alkoholkonsum. Gesundheits-Surveys Berlin-Spandau, 1985 und 1988. Adjustiert für Alter, Rauchen, soziale Schicht; Berechnungen nach Cox Proportional Hazard Models

Alkohol-aufnahme (g/Tag)	Anzahl Todes-fälle	Adjustierte Sterberaten	95% Konfi-denzinter-valle	Anzahl Todes-fälle	Adjustierte Sterberaten	95% Konfi-denzintervalle
	Männer mit Leberkrankheiten			Männer ohne Leberkrankheiten		
0	24	1	-	22	1	-
1 - 20	24	0,51	0,29 - 0,90	22	0,51	0,28 - 0,91
>20 - 40	27	0,90	0,51 - 1,56	25	0,86	0,48 - 1,55
>40 - 80	17	0,93	0,49 - 1,76	17	0,99	0,52 - 1,89
>80	1	0,44	0,10 - 1,86	1	0,45	0,11 - 1,93
	Frauen mit Leberkrankheiten			Frauen ohne Leberkrankheiten		
0	33	1	-	27	1	-
1 - 20	18	0,83	0,47 - 1,47	18	0,84	0,46 - 1,54
>20 - 40	9	1,29	0,61 - 2,72	8	1,30	0,59 - 2,89
>40 - 80	5	0,81	0,25 - 2,65	4	0,96	0,29 - 3,16
>80	1	4,20	1,23 - 14,30	1	3,40	0,78 - 14,91

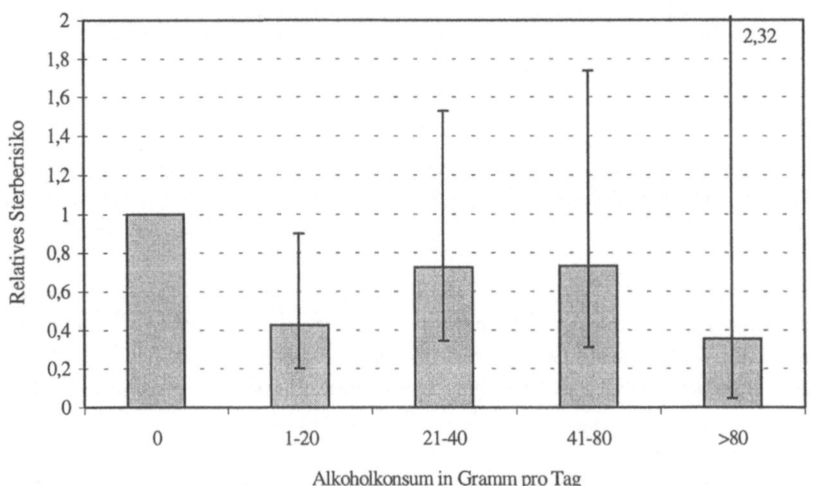

Abb. 40. Alkoholkonsum und Sterberisiko an kardiovasculären Krankheiten. Gesundheits-Surveys Berlin-Spandau 1985 und 1988. Männer, 40 bis 69 Jahre. Adjustiert für Alter, Rauchen, soziale Schicht.

Tabelle 8. Sterberaten an kardiovaskulären Krankheiten in Abhängigkeit vom Alkoholkonsum. Gesundheits-Surveys Berlin-Spandau, 1985 und 1988. Korrigiert für Alter, Rauchen, soziale Schicht; Berechnungen nach Cox Proportional Hazard Models

Alkohol-aufnahme (g/Tag)	Anzahl Todes-fälle	Adjustierte Sterberaten	95% Konfi-denzinter-valle	Anzahl Todes-fälle	Adjustierte Sterberaten	95% Konfi-denzinter-valle
	Männer mit Leberkrankheiten			Männer ohne Leberkrankheiten		
0	15	1	-	15	1	-
1 - 20	13	0,42	0,2 - 0,9	12	0,41	0,19 - 0,87
>20 - 40	14	0.72	0,34 - 1,53	14	0,75	0,36 - 1,60
>40 - 80	8	0.73	0,31 - 1,74	8	0,75	0,32 - 1,79
>80	1	0.35	0,05 - 2,67	1	0,35	0,05 - 2,66
	Frauen mit Leberkrankheiten			Frauen ohne Leberkrankheiten		
0	11	1	-	10	1	-
1 - 20	6	0,68	0,25 - 1,86	5	0,63	0,21 - 1,85
>20 - 40	4	1,62	0,51 - 5,16	4	1,72	0,53 - 5,54
>40 - 80	2	1,38	0,30 - 6,28	2	1,57	0,34 - 7,23
>80	-	0,00	0,00	-	0,00	0,00

figkeit des Alkoholkonsums und der Sterberate dargestellt. Es ist augenscheinlich, und das gilt in dieser Auswertung für Männer und Frauen in gleicher Weise, daß die Studienteilnehmer mit seltenerem Konsum (einmal wöchentlich oder weniger) sowohl bei der kardiovaskulären als auch bei der Gesamtmortalität die niedrigsten Raten aufweisen. Die Probanden, die angeben, mehrmals wöchentlich oder täglich alkoholische Getränke zu sich zu nehmen, haben möglicherweise durchschnittlich ebenfalls ein geringeres Sterberisiko als Abstinente. Mit den hier zur Verfügung stehenden Daten ist dies statistisch nicht zu sichern.

In Tabelle 9 sind die Sterberisiken sowie die zugehörigen Konfidenzintervalle für Nichttrinker und für Konsumenten mit seltenerem bzw. häufigerem Alkoholkonsum aufgeführt. Gegenüber der Betrachtung von durchschnittlich getrunkenen Mengen in Gramm Alkohol zeigt diese methodische Herangehensweise einige Besonderheiten.

Zum einen ist ein sehr niedriges Sterberisiko für die gelegentlich trinkenden Frauen gegenüber abstinent lebenden Frauen hier statistisch gesichert (RR 0,34 für kardiovaskuläre Todesfälle, RR 0,44 für alle Todesursachen). Auch für Frauen in unserer Bevölkerung gilt also offenbar, daß sie unter bestimmten Trinkgewohnheiten einen protektiven Effekt und eine geringere Sterblichkeit gegenüber abstinent lebenden Frauen erwarten können, was für deutsche Frauen bisher noch nicht nachgewiesen werden konnte. Um dies Ergebnis zu erhärten, muß es aber an größeren Kohorten überprüft werden.

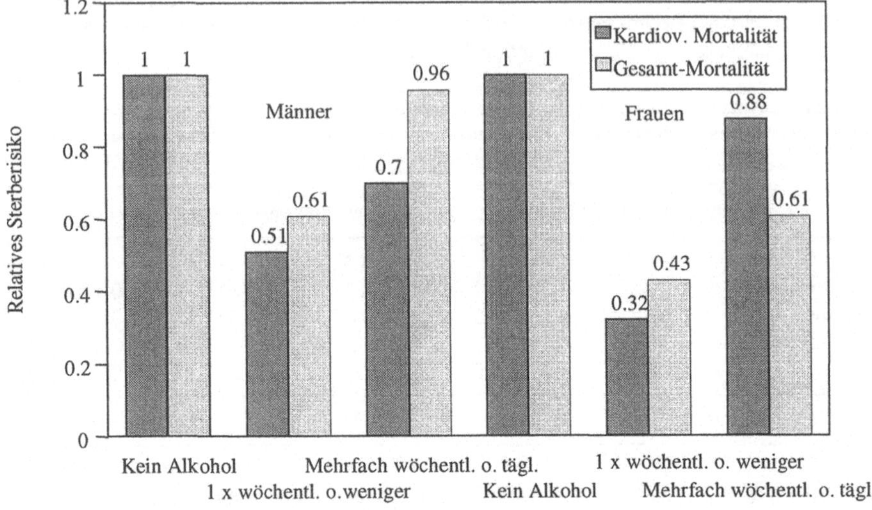

Abb. 41. Häufigkeit von Alkoholkonsum und Sterberisiko. Nationale Gesundheits-Surveys 1985, 1988 und 1991. Männer und Frauen, 40 bis 69 Jahre. Adjustiert für Alter, Rauchen, soziale Schicht.

Tabelle 9. Häufigkeit von Alkoholkonsum und Sterberisiko. Gesundheits-Surveys Berlin-Spandau, 1985 und 1988, Altersgruppe 40 bis 69 Jahre. Adjustiert für Alter, Rauchen und soziale Schicht

		Männer		Frauen		Gesamt	
	Alkohol-konsum	Rela-tives Risiko	95% Konfid.-intervall	Rela-tives Risiko	95% Konfid.-intevall	Rela-tives Risiko	95% Konfi.-intervall
Kardio-vaskuläre Todesurs.	kein Alkohol	1	-	1	-	1	-
	einmal in der Woche/weniger	0,508	0,201 - 1,284	0,336	0,130 - 0,868	0,495	0,261 - 0,937
	mehrfach in der Woche/täglich	0,696	0,281 - 1,722	0,846	0,266 - 2,686	0,761	0,384 - 1,506
Alle Todes-ursachen	kein Alkohol	1	-	1	-	1	-
	einmal in der Woche/weniger	0,606	0,289 - 1,273	0,437	0,251 - 0,762	0,541	0,351 - 0,834
	mehrfach in der Woche/täglich	0,958	0,467 - 1,964	0,613	0,283 - 1,327	0,829	0,517 - 1,331

Bei Alkohol trinkenden Männern finden sich zwar keine statistisch gesicherte Unterschiede zu abstinent lebenden Männern. Werden jedoch beide Geschlechter zusammen ausgewertet, ergeben sich für diese Gesamtpopulation niedrigere kardiovaskuläre und Gesamtsterberisiken, die statistisch abgesichert sind.

Sowohl die Gesamtpopulation derer, die häufiger Alkohol trinken, als auch die Frauen oder Männer mit diesen Konsumgewohnheiten zeigen zwar ebenfalls jeweils unter 1 liegende Sterberisiken im Vergleich zu den Abstinenten. Diese in der Tendenz so erwarteten Risikowerte sind aber statistisch nicht gesichert.

Für die untersuchte Kohorte aus Berlin-Spandau gilt im übrigen, daß 90% der Männer, die Alkohol trinken, den Alkohol ausschließlich oder weit vorwiegend in Form von Bier zu sich nehmen. Auch bei den Frauen dieser Kohorte liegt der Anteil an Biertrinkererinnen unter den Alkoholkonsumentinnen mit 55% höher als unter den deutschen Frauen insgesamt (siehe Kapitel 4).

In den immer noch geführten Diskussionen darüber, ob die beobachtete geringere Mortaliät unter leichten und moderaten Alkoholkonsumenten tatsächlich den geschilderten Stoffwechseleinflüssen des Alkohols zuzuschreiben ist oder aber möglicherweise doch auf methodischen Artefakten beruht, steht der folgende Einwand im Vordergrund: Unter den Abstinenten könnten vermehrt kranke Personen vorhanden sein, die aus diesem Grund keinen Alkohol trinken oder den Alkoholkonsum aufgegeben hätten. Die größere Zahl von Kranken unter den Abstinenten würde auch ein erhöhtes Sterberisiko für diese Population erklären.

Insbesondere könnten sich unter den Abstinenten in größerem Umfang Menschen mit Leberkrankheiten befinden. In den bisher durchgeführten Studien konnte dieser Aspekt aus mehreren Gründen nicht genügend geklärt werden [38].Wir haben jetzt nachgewiesen, daß in der deutschen Bevölkerung die Zahl derer, die angeben, unter einer Leberentzündung oder einer Leberverhärtung zu leiden, unter den Abstinenten signifikant größer ist als unter den leichten und moderaten Alkoholkonsumenten.

In Abbildung 42 sind die prozentualen Anteile der Männer, die Angaben über Leberentzündungen machen, für Abstinente und die einzelnen Kategorien mit unterschiedlichem Alkoholkonsum aufgeführt. Es ist überraschend, daß die Gruppe der Abstinenten unter den Männern etwa doppelt so häufig angibt, eine Leberentzündung zu haben oder gehabt haben als die leichten Alkoholkonsumenten. Bemerkenswert ist auch, daß die Weintrinker bei starkem oder sehr starkem Konsum jeweils häufiger über Leberentzündungen klagen als die entsprechenden Gruppen mit Bierkonsum, wobei die Unterschiede zwischen Bier und Wein statistisch signifikant ausfallen. Da für Einflüsse der sozialen Schicht kontrolliert wurde, können davon her rührende, ungleiche Risikoverteilungen die Unterschiede nicht erklären.

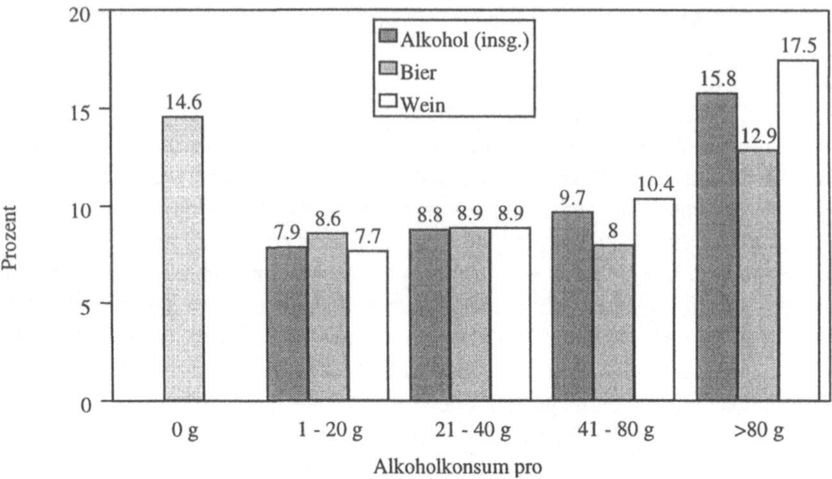

Abb. 42. Alkohol und Leberentzündung. Nationale Gesundheits-Surveys 1985, 1988 und 1991. Männer, 25 bis 69 Jahre. Adjustiert für Alter, Rauchen, soziale Schicht.

Für die Angabe „Leberverhärtung„ ergab sich bei Männern ein ähnliches Bild wie bei Leberentzündungen (Abb. 43). Die Unterschiede zwischen Nichttrinkern und leichten Trinkern sind hier aber nicht so stark ausgeprägt. Der prozentuale Anteil von Männern, die angeben, eine solche Leberkrankheit zu haben (oder gehabt zu haben), ist erwartungsgemäß sehr viel geringer als bei Leberentzündungen. Gesicherte Unterschiede zwischen Bier- und Weintrinkern sind auch hier vorhanden, bieten aber ein uneinheitliches Bild.

In Abbildung 44 sind die Angaben der Frauen zu Leberentzündung und Leberverhärtung in Abhängigkeit von den durchschnittlich aufgenommenen Alkoholmengen dargestellt. Auch von den abstinenten Frauen werden Leberentzündungen häufiger angegeben als von den Alkoholkonsumentinnen. Die Differenzen fallen aber weit kleiner aus als bei den Männern. Der absolute Anteil der Frauen, die eine Leberentzündung nennen, ist erheblich niedriger als bei den Männern. Die Nennung „Leberverhärtung„ ist bei Frauen sehr selten zu finden.

Es ist sicher notwendig, die Validität der Angaben zu Leberentzündung und Leberverhärtung zu prüfen. Ob die voneinander abweichende Häufigkeit der beiden Leberkrankheiten bei Männern und Frauen tatsächlich vorhanden ist oder aber auf unterschiedlichem Verhalten bei der Befragung beruhen, kann unter anderem anhand der Serumtests auf Hepatitis-Antikörper-Titer festgestellt werden. In den Gesundheits-Surveys wurden solche Bestimmungen vom RKI durchgeführt [1], die Daten standen für eine Validierung der Befragungsdaten aber nicht zur Verfügung.

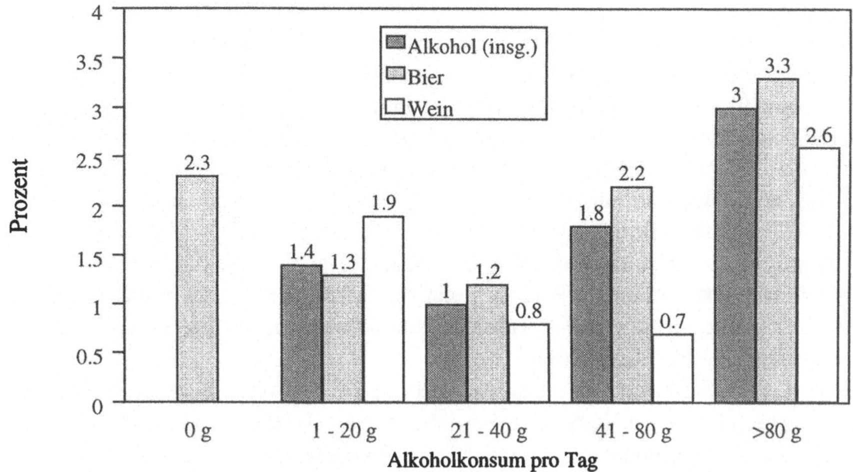

Abb. 43. Alkohol und Leberverhärtung. Nationale Gesundheits-Surveys 1985, 1988 und 1991. Männer, 25 bis 69 Jahre. Adjustiert für Alter, Rauchen, soziale Schicht.

Die vorstehend beschriebenen Befunde machen es unbedingt notwendig, die in unserer Kohorte gefundenen Mortalitätsrisiken für Abstinente und Alkoholkonsumenten unter Berücksichtigung der Angaben über Leberkrankheiten zu prüfen. Wir haben dazu die Sterberisiken für eine Kohorte berechnet, aus der zuvor alle Probanden mit Angaben über Leberentzündung oder Leberverhärtung ausgeschlossen wurden.

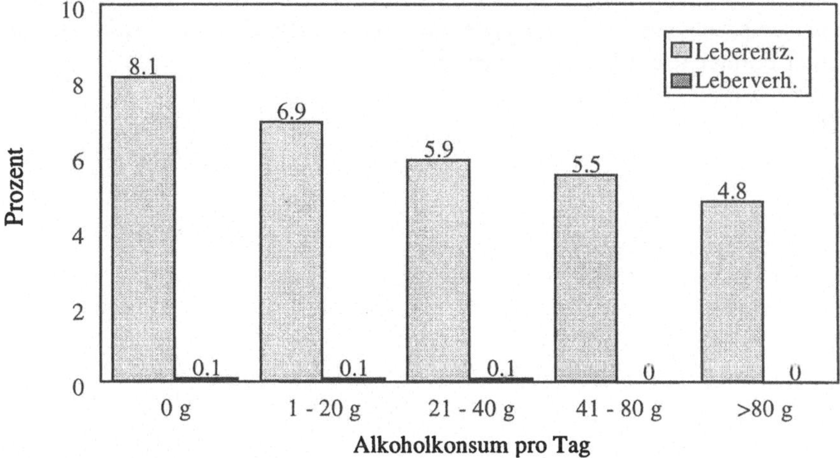

Abb. 44. Alkoholkonsum und Leberkrankheiten. Nationale Gesundheits-Surveys 1985, 1988 und 1991. Frauen, 25 bis 69 Jahre. Adjustiert für Alter, Rauchen, soziale Schicht.

Wie aus den Tabellen 7 und 8 zu entnehmen ist, führt das Herausnehmen aller Probanden mit Angaben zu Leberentzündung und/oder Leberverhärtung nicht zu veränderten Sterberisiken. Insbesondere bleiben die höheren Risiken der kardiovaskulären Mortalität und der Gesamtmortalität bei Abstinenten gegenüber leichten und moderaten Alkoholkonsumenten in gleicher Höhe bestehen. Dieser Befund gibt weitere Sicherheit dafür, daß maßvoller Alkoholkonsum vorteilhafte gesundheitliche Auswirkungen hat und protektiv in Bezug auf Krankheiten des Herzens und des Kreislaufs wirkt. In der Bilanz führt dies dazu, daß für Abstinente unter den Männern und Frauen ein höheres attributables Sterberisiko besteht als für leichte Alkoholkonsumenten. Das ist gleichbedeutend damit, daß in unsere Bevölkerung die große Gruppe der leichten Alkoholkonsumenten eine höhere Lebenserwartung hat als die Abstinenten.

Es soll abschließend betont werden, daß die an deutschen Populationen ermittelten Sterberisiken in weiteren Studien abgesichert werden müssen. Hingewiesen sei auch darauf, daß unter anderem das hohe Sterberisiko von Rauchern zwischen Abstinenten und Alkoholkonsumenten rechnerisch ausgeglichen wurde. Da aber unter den Alkoholtrinkern mehr Raucher zu finden sind als unter den Abstinenten, können z.B. die rauchenden Alkoholkonsumenten keineswegs den vollen protektiven Effekt aufgrund ihres Alkoholkonsums erwarten. Es gibt darüber hinaus weitere Gründe, die es verbieten, die vorstehend mitgeteilten Ergebnisse zu Sterberisiken an deutschen Bevölkerungsgruppen für andere als Zwecke der wissenschaftlichen Durchdringung des Themas zu benutzen. Die Werte der relativen Sterberisiken sind nur teilweise statistisch signifikant. Sie sollten wegen der Gefahr der Fehlinterpretation nicht in Presseveröffentlichungen für ein breites Publikum benutzt werden.

Die beschriebenen Ergebnisse zu Trinkgewohnheiten in Deutschland, zu Einflüssen des Alkoholkonsums auf Stoffwechselparameter, Blutdruck, Body Mass Index und zur subjektiven Gesundheit sind dagegen sehr zuverlässig und durchgängig statistisch gesichert. Sie erweitern das Wissen über die Wirkungen bestimmter Formen des Alkoholgenusses auf.

Literatur

1. Arbeitsgruppe Alkohol, Nationale Gesundheits-Surveys. Algorithmus zur Berechnung von Gramm Alkohol aus getrunkenen Mengen an Alkoholika (unveröffentlicht): Bier = 5,0 Vol.%, Wein/Sekt = 10,0 Vol.%, Spirituosen = 40 Vol.%; Vol.%.der getrunkene Menge multipliziert mit 0,794 = Alkoholkonsum in Gramm
2. Boffeta P, Garfinkel A. alcohol drinking and mortality among men enrolled in an American Cancer Society prospective study. Epidemiology 1990; 1: 342-348
3. Bowlin S J, Leske CM, Varma A, Naska P, Weinstein A, Caplan L. Breast cancer risk and alcohol consumption:results from a large case-control study. Int J Epidem 1997; 26: 915-23
4. Bundeszentrale für gesundheitliche Aufklärung (Hrsg.). Die Drogenaffinität Jugendlicher in der Bundesrepublik Deutschland. Wiederholungsbefragung 1993/1994: Köln 1994.
5. Cohen S, Tyrrel DAJ, Russel MAH, Jarvis MJ, Smith AP. Smoking, alcohol consumption, and susceptibility to the common cold. Am J Public Health 1993; 83: 1277-1283
6. Committee on health promotion (Ed.). Royal colleges of physicians of the United Kingdom, London 1996; Guidelines for health promotion 46
7. Desenclos JCA, Klontz KC, Wilder MH, Gunn RA. The protective effect of alcohol on the occurence of epidemic oyster-borne hepatitis A. Epidemiology 1992; 3: 371-374
8. Doll R, Forman D, La Vecchia C, Woutersen R. Alcoholic beverages and cancers of the digestive tract and larynx. In: PM Verschuren (Ed). Health issues related to alcohol consumption. International Life Science Institute Europe, Brussels 1993: 126-66
9. Doll R, Peto R, Hall E, Wheatley K, Gray R. Mortality in relation to consumption of alcohol: 13 years' observations on male British doctors. BMJ 1994; 309:911-918
10. Duffy JC. Alcohol consumption and all-cause mortality. Intern J Epidem 1995; 24: 100-105
11. Edwards G. (Ed.) Alkoholkonsum und Gemeinwohl. Ferdinand Enke Verlag, Stuttgart 1997.
12. Forschungsverbund DHP (Hrsg.). Die Deutsche Herz-Kreislauf-Präventionsstudie. Verlag Hans Huber, Bern,Göttingen, Toronto, Seattle 1998; 198-214
13. Forschungsverbund DHP (Hrsg.). Die Deutsche Herz-Kreislauf-Präventionsstudie. Verlag H. Huber , Bern, Göttingen, Toronto, Seattle 1998.
14. Gammon MD, Schoenberg JB, Ahsan H, Risch HA, Vaughan TL, Chow W-H, Rotterdam H, West AB, Dubrow R, Stanford JL, Mayne ST, Farrow DC, Niwa S, Blot WJ, Fraumeni JF. Tabacco, alcohol, and socioeconomic status and adenocarcinomas of the esophagus and gastric cardia. J Nation. Cancer Inst. 1997; 89:1277-1284.
15. Hoffmeister H, Dietz E, Böhning D, Schelp F. Moderater Alkoholkonsum und Gesundheit. In: Kluthe R, Kasper H. Alkoholische Getränke und Ernährungsmedizin. G Thieme Verlag Stuttgart, New York 1998; 9-19
16. Hoffmeister H, Hoeltz J, Schön D, Schröder E, Güther B. Nationaler Untersuchungs- und Befragungssurvey der DHP. Bonn 1988: DHP-Forum 1
17. Hoffmeister H, Hüttner H, Stolzenberg H. Sozialer Status und Gesundheit. Nationaler Gesundheits-Survey 1984-1986. Schriftenreihe des Bundesgesundheitsamtes, MMV Medizin Verlag, München 1992.

18. Hoffmeister H, Mensing GBM, Stolzenberg H, Hoeltz J, Kreuter H, Laaser U, Nüssel E, Hüllemann K-D, v. Troschke J Reduction of coronary heart disease risk factors in the German Cardiovascular Prevention Study. Prev Med 25: 135-145
19. Hoffmeister H, Mensing GBM, Stolzenberg H. National trends in risk factors for cardiovascular disease in Germany. Prev Med 1994; 23:197-205
20. Hoffmeister H, Mensink GBM, Grimm J: Zusammenhang zwischen Herz-Kreislauf-Mortalität und Risikofaktoren in der Hessen-Studie. Bundesgesundheitsblatt 1991; 3: 95-100
21. Hoffmeister H, Szklo M, Thamm M (Eds). Epidemilogical practices in research on small effects. Springer Verlag Berlin, Heidelberg,New York 1996
22. Hoffmeister H. (Hrsg). Die Gesundheit der Deutschen. Ein Ost-West-Vergleich. Institut für Sozialmedizin und Epidemiologie des Bundesgesundheitsamtes, Berlin. Soz. Ep. Hefte 4/1994.
23. Hüllinghorst H. Alkohol-Zahlen und Fakten zum Konsum. Deutsche Hauptstelle gegen die Suchtgefahren (Hrsg.). Jahrbuch Sucht 97, Geesthacht 1996: 9-18.
24. Josephs RA, Steele CM. The two faces of alcohol myopia: Attentional mediation of psychological stress. J Abnorm Psychol 1990; 99: 115-126.
25. Junge B. (1995) Alkohol. Deutsche Hauptstelle gegen die Suchtgefahren (Hrsg.). Jahrbuch Sucht 96: S 9-29 Geesthacht.
26. Kauhanen J, Kaplan GA, Goldberg DE, Salonen JT (1997) Beer binging and mortality: Results from Kuopio ischemic heart disease risk factor study, a prospective population based study. BMJ 315: 846-851
27. Keil U, Chambless I, Filipiak B, Härtel U. Alkohol and blood pressure and its interaction with smoking and other behavioural variables: results from the MONICA Augsburg survey 1984-1985. J. Hypertens. 1991; 9: 491-498.
28. Keil U, Chambless LE, Döring A, Filipiak B, Stieber J. The relation of alkohol intake to coronary heart disease and all-cause mortality in a beer-drinking population. Epidemiology 1997; 8: 150-156
29. Keil U, Swales JD, Grobbee DE. Alcohol intake and its relation to hypertension. In: PM Verschuren (ed). Health issues related to alcohol consumption. International Life Science Institute Europe, Brussels 1993: 17-42.
30. Kirschner W, Radoschewski M, Kirschner R (1995) § 20 SGBV, Gesundheitsförderung, Krankheitsverhütung, Umsetzung durch die Krankenkassen. Asgard Verlag St. Augustin
31. Klatsky AL. Epidemiology of coronary heart disease-influence of alkohol. Alcohol Clin Exp Res 1994; 18: 88-96
32. Langer RD, Criqui MH, Reed DM. Biologic pathways for the effect of moderate alcohol cosumption on coronary heart disease. Am J Epidemiol 1988; 128: 916.
33. Levine HG (1992) Temperance cultures: alkohol as a problem in Nordic and English speaking cultures. In: Lader M, Edwards G, Drummond C (Eds) The nature of alcohol and drug related problems. Oxford Univ. Press, pp16-36
34. Lieber CS. Perspectives: do alcohol calories count? Am J Clin Nutr 1991; 54: 567-72
35. Maclure M. Demonstration of deductive meta analysis: Ethanol intake and risk of myocardial infarction. Epidem Rev 1993; 15: 328-351.
36. Mcdonald I, Debry G, Westerterp K. Alcohol and overweight. In: PM Verschuren (Ed). Health issues related to alcohol consumption. International Life Science Institute Europe, Brussels 1993: 263-279
37. McElduff P, Dobson AJ. How much alcohol and how often? Population based case-control study of alcohol consumption and risk of a major coronary event. BMJ 1997; 314: 1159-1164
38. Mensing GBM, Dekeht M, Mul MDM, Schuit AJ, Hoffmeister H. Physical activity and its association with cardiovascular risk factors and mortality. Epidemiology 1996; 7: 391-397.

39. Müller MJ. Alkohol: Kalorie oder „leere„ Kalorie. In: R Kluthe und H. Kasper (Hrsg.). Alkoholische Getränke und Ernährungsmedizin. G Thieme Verlag Stuttgart, New York; 1998: 53-65.
40. Nunes EV, Deakins S, Glassman H, Wittchen H-U. Süchte: Mißbrauch und Abhängigkeit von Alkohol und anderen Substanzen. In: Kass FI, Oldham JM, Pardes H, Morris LB, Wittchen H-U. (Hrsg). Das große Handbuch der seelischen Gesundheit.Quadriga Verlag Weinheim, Berlin; 1996, 142-166
41. Peele S (1993) The conflict between public health goals and the temperance mentality. Am J Publ Health 83: 805-810
42. Poikolainen K (1995) Alcohol and mortality, a review. J Clin Epidem 48: 455-465
43. Renaud S, Criqui MH, Farchi G, Veenstra J. Alcohol drinking and coronary heart disease. In: PM Verschuren (Ed). Health issues related to alcohol consumption. International Life Science Institute Europe, Brussels 1993: 81-123.
44. Rimm EB, Klatzki A, Grobbee D, Stampfer MJ. Review of moderate alcohol consumption and reduced risk of coronary heart disease: Is the effect due to beer, wine or spirits? BMJ 1996; 312: 731-736
45. Room R. Alcohol and crime: Behavioral aspects. In: Kadish S (Ed); Encylopedia of crime and justice; New York 1983,Vol. 1: 33-44.
46. Schaeffler V, Döring A, Winkler G, Keil U. Erhebung der Alkoholaufnahme: Vergleich verschiedener Methoden. Ernährungs-Umschau 1991; 38: 490-494
47. Stolzenberg H. Alkoholkonsum. In: Hoffmeister H. (Hrsg). Die Gesundheit der Deutschen. Ein Ost-West-Vergleich. Institut für Sozialmedizin und Epidemiologie des Bundesgesundheitsamtes, Berlin. Soz. Ep. Hefte 4/1994: 177-181
48. The Amsterdam Group (1993) Alcoholic beverages and European Society. In Deutschland: Gesellschaft für Öffentlichkeitsarbeit der deutschen Brauwirtschaft. Annabergerstr. 28, 5300 Bonn 2
49. Van Gijn J, Stampfer MJ, Wolfe C, Algra A. The association between alcohol and stroke. In: PM Verschuren (Ed). Health issues related to alcohol consumption. International Life Science Institute Europe, Brussels 1993: 44-79
50. Wiesbeck GA, Böning J. Alkoholkrankheit aus psychiatrischer Sicht. Internist 1996; 36: 761-772
51. Wittchen HU u. a. (1998) 2. Bericht zur Zwischenbegutachtung des Forschungsvorhabens „Vulnerabilitäts und Protektionsfaktoren bei Frühstadien von Substanz-Mißbrauch und -Abhängigkeit. Bonn; BMFT 01 EB 904
52. World Health Organisation (Ed.). Cardiovascular disease risk factors: new areas for research. Report of a WHO scientific group. Geneva 1994, WHO technical report series 841: 21-23.